国家级职业教育规划教材
对接世界技能大赛技术标准创新系列教材
技工院校一体化课程教学改革建筑施工专业教材

王华飞 主编

瓷砖镶贴

人力资源社会保障部教材办公室 组织编写

中国劳动社会保障出版社

worldskills China

图书在版编目（CIP）数据

瓷砖镶贴 / 王华飞主编 . -- 北京：中国劳动社会保障出版社，2022

对接世界技能大赛技术标准创新系列教材　技工院校一体化课程教学改革建筑施工专业教材

ISBN 978-7-5167-5375-0

Ⅰ.①瓷…　Ⅱ.①王…　Ⅲ.①瓷砖 – 镶贴 – 技工学校 – 教材　Ⅳ.① TU767.2

中国版本图书馆 CIP 数据核字（2022）第 106659 号

中国劳动社会保障出版社出版发行

（北京市惠新东街 1 号　邮政编码：100029）

*

北京市白帆印务有限公司印刷装订　　新华书店经销

787 毫米 ×1092 毫米　16 开本　12 印张　192 千字

2022 年 9 月第 1 版　　2024 年 1 月第 2 次印刷

定价：27.00 元

营销中心电话：400-606-6496

出版社网址：http://www.class.com.cn

http://jg.class.com.cn

对接世界技能大赛技术标准创新系列教材

编审委员会

主　任：刘　康

副主任：张　斌　王晓君　刘新昌　冯　政

委　员：王　飞　翟　涛　杨　奕　张　伟　赵庆鹏

姜华平　杜庚星　王鸿飞

建筑施工专业课程改革工作小组

课 改 校：浙江建设技师学院

厦门技师学院

镇江技师学院

江苏省徐州技师学院

德州市技师学院

山东省城市服务技师学院

广东省城市建设技师学院

重庆建筑高级技工学校

技术指导：雷定鸣

编　　辑：谢　亮

本书编审人员

主　编：王华飞

副主编：高艳涛　程翠华　苏建斌

参　编：王崇杨　古娟妮　崔兆举　李　婷

序

世界技能大赛由世界技能组织每两年举办一届，是迄今全球地位最高、规模最大、影响力最广的职业技能竞赛，被誉为“世界技能奥林匹克”。我国于 2010 年加入世界技能组织，先后参加了五届世界技能大赛，累计取得 36 金、29 银、20 铜和 58 个优胜奖的优异成绩。第 46 届世界技能大赛将在我国上海举办。2019 年 9 月，习近平总书记对我国选手在第 45 届世界技能大赛上取得佳绩作出重要指示，并强调，劳动者素质对一个国家、一个民族发展至关重要。技术工人队伍是支撑中国制造、中国创造的重要基础，对推动经济高质量发展具有重要作用。要健全技能人才培养、使用、评价、激励制度，大力发展技工教育，大规模开展职业技能培训，加快培养大批高素质劳动者和技术技能人才。要在全社会弘扬精益求精的工匠精神，激励广大青年走技能成才、技能报国之路。

为充分借鉴世界技能大赛先进理念、技术标准和评价体系，突出“高、精、尖、缺”导向，促进技工教育与世界先进标准接轨，完善我国技能人才培养模式，全面提升技能人才培养质量，人力资源社会保障部于 2019 年 4 月启动了世界技能大赛成果转化工作。根据成果转化工作方案，成立了由世界技能大赛中国集训基地、一体化课改学校，以及竞赛项目中国技术指导专家、企业专家、出版集团资深编辑组成的对接世界技能大赛技术标准深化专业课程改革工作小组，按照创新开发新专业、升级改造传统专业、深化一体化专业课程改革三种对接转化原则，以专业培养目标对接职业描述、专业课程对接世界技能标准、课程考核与评价对接评分方案等多种操作模式和路径，同时融入健康与安全、绿色与环保及可持续发展理念，开发与世界技能大赛项目对接的专业人才培养方案、教材及配套教学资源。首批对接 19 个世界技能大赛项目共 12 个专业的成果将于 2020—2021 年陆续出版，主要用于技工院校日常专业教学工作中，充分发挥世界技能大赛成果转化对技工院校技能人才的引领示范作用。在总结经验及调研的基础上选择新的对接项目，陆续启动第二批等世界技能大赛成果转化工作。

希望全国技工院校将对接世界技能大赛技术标准创新系列教材，作为深化专业课程建设、创新人才培养模式、提高人才培养质量的重要抓手，进一步推动教学改革，坚持高端引领，促进内涵发展，提升办学质量，为加快培养高水平的技能人才作出新的更大贡献！

2020 年 11 月

简介

本书紧紧围绕职业院校对建筑施工专业人才的培养目标，紧扣企业工作实际，介绍了瓷砖镶贴的有关知识。本书以国家职业标准和有关国家标准为依据，以企业需求为导向，充分借鉴世界技能大赛的先进理念、技术标准和评价体系，促进建筑施工专业教学与世界先进标准接轨。本书采用工学一体化教学模式编写，穿插介绍了世界技能大赛的有关知识，并附有部分拓展性内容，便于开展教学。

目　录

学习任务四　窗台镶贴

学习任务一
墙面镶贴

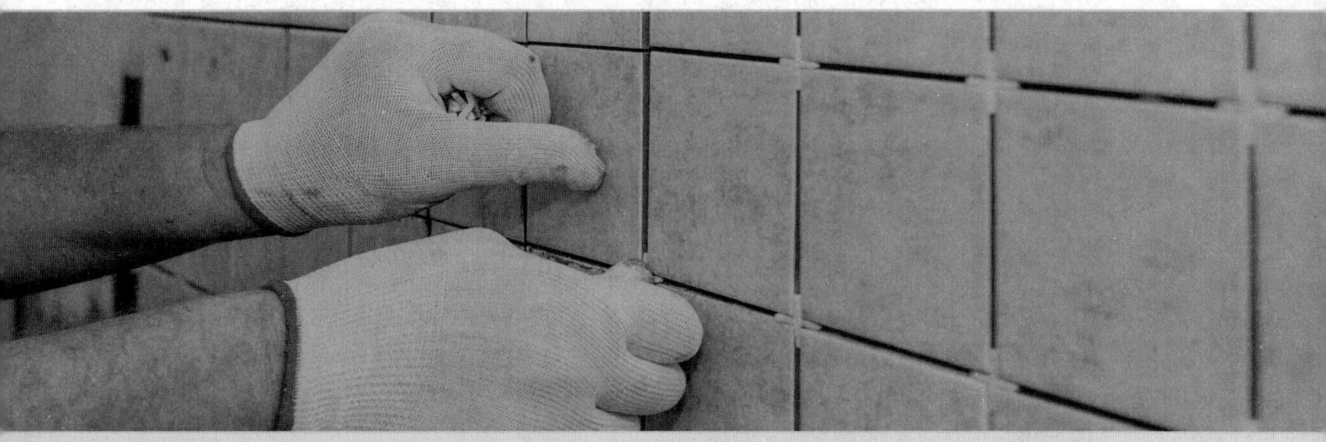

学习目标

1. 能根据工作情境描述，明确任务要求，填写墙面镶贴施工工作单。
2. 能识读建筑工程施工图。
3. 能勘察墙面镶贴施工现场，获取相关施工资料。
4. 能认知墙面镶贴，正确识别镶贴材料，填写镶贴常见工量具一览表。
5. 能分析镶贴材料特性，口述镶贴工艺、质量控制及操作要点。
6. 能与小组成员进行有效沟通，共同完成墙面镶贴施工方案。
7. 能根据项目经理意见，对墙面镶贴施工方案进行修订，制定施工现场工作看板。
8. 能根据施工方案进行墙面镶贴施工。
9. 能对照《世界技能标准规范》（WSSS），检查记录与图纸原始数据之间的误差，并分析原因，提出整改措施。
10. 能正确填写墙面镶贴验收报告，并完成交付验收工作。
11. 能正确核算成本，在保证施工质量的前提下选取合理的采购方式。
12. 能按施工现场管理“7S”标准清除现场垃圾并整理现场。
13. 能客观准确地自评、互评。

建议学时

26 学时。

工作流程与活动

1. 获取墙面镶贴施工信息（4 学时）
2. 编制墙面镶贴施工方案（4 学时）
3. 审定墙面镶贴施工方案（2 学时）
4. 实施墙面镶贴施工方案（8 学时）
5. 墙面镶贴过程控制（4 学时）
6. 墙面镶贴工作总结评价（4 学时）

工作情境描述

某样板房正在装饰装修，现要求根据瓷砖图案施工图完成电视机背景墙的瓷砖镶贴。项目部刚刚进场，项目经理要求技术员小王根据《外墙饰面砖工程施工及验收规程》（JGJ 126—2015）的相关规定，参照《世界技能标准规范》的要求，根据提供的瓷砖图案施工图（纸质版及电子版），完成墙面镶贴工程的一系列工作，将施工图内容（背景墙瓷砖）镶贴在指定位置，根据作业规范对施工成品进行自检、互检，与下一道工序进行交接并做好记录，向工程项目部反馈并存档。

学习活动 1
获取墙面镶贴施工信息

学习目标

1. 能根据工作情境描述，明确任务要求，填写墙面镶贴施工工作单。
2. 能识读建筑工程施工图，填写常见建筑施工图识别一览表。
3. 能识别瓷砖墙面的各组成部分，并分析各部分的作用。
4. 能识别墙面镶贴形式，并根据墙面镶贴方式描述其工程量的计算方法。
5. 能根据施工现场管理“7S”标准描述墙面镶贴现场管理工作范畴。

建议学时

4 学时。

学习过程

一、填写工作单

1. 阅读工作情境描述，用荧光笔在任务书中画出关键词，并将关键词记录在下方横线处，用星号将需要进一步了解的词标注出来。

____

____

____

____

____

____

2. 查阅相关资料，根据实际情况填写表 1-1-1。

表 1-1-1　墙面镶贴施工工作单

任务名称				接单日期	
工作地点				任务周期	
工作内容					
提供工具、材料					
施工项目					
项目负责人姓名		联系电话		验收日期	
团队负责人姓名		联系电话		团队名称	
备注					

3. 图 1-1-1 为建筑工程施工图的分类，查阅相关资料，将归属在“建筑施工图”和“结构施工图”下面的施工图名称填写在（1）、（2）处，并在表 1-1-2 中描述各种建筑工程施工图的识读方法或步骤。

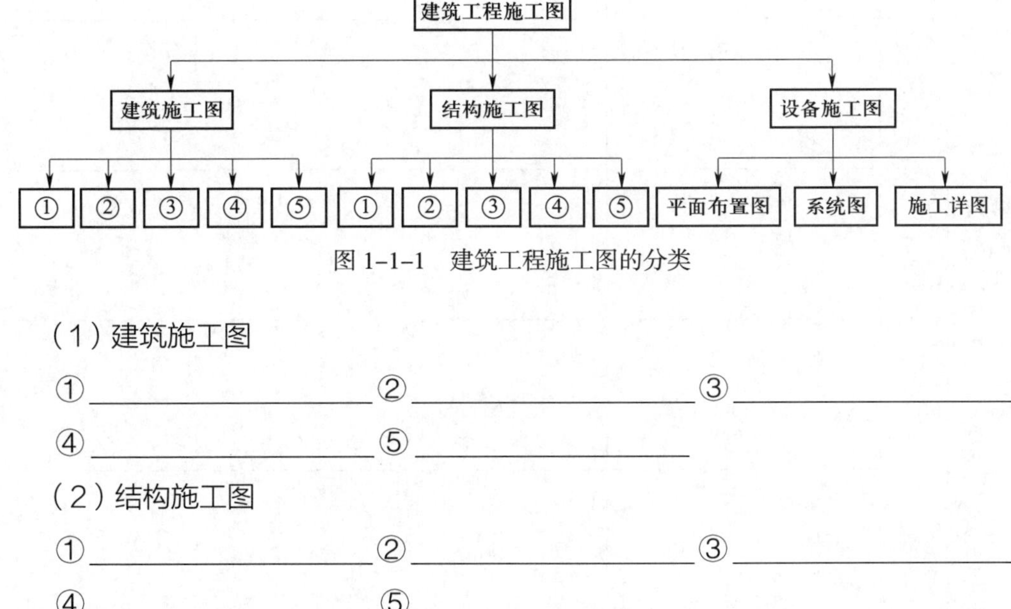

图 1-1-1　建筑工程施工图的分类

（1）建筑施工图

① ________ ② ________ ③ ________

④ ________ ⑤ ________

（2）结构施工图

① ________ ② ________ ③ ________

④ ________ ⑤ ________

表 1-1-2　各种建筑工程施工图的识读方法或步骤

分类	建筑工程施工图名称		识读方法或步骤
建筑施工图	①		
	②		
	③		
	④		
	⑤		
结构施工图	①		
	②		
	③		
	④		
	⑤		

二、认知墙面镶贴

1. 作为一名建筑施工专业的学生，你在日常生活中见到哪些类型的墙面镶贴装饰面？下面分别给出三种常见的墙面镶贴装饰面，请在教师的带领下，走进墙面镶贴施工现场实地考察，从多个角度感受它们的不同。同时请查阅墙面镶贴相关资料，在表 1-1-3 中描述三种墙面镶贴装饰面的主要特点及应用范围。

表 1-1-3　三种墙面镶贴装饰面的主要特点及应用范围

墙面镶贴类型	主要特点及应用范围
 踢脚线贴砖	
 室外墙面装饰贴砖	

续表

墙面镶贴类型	主要特点及应用范围
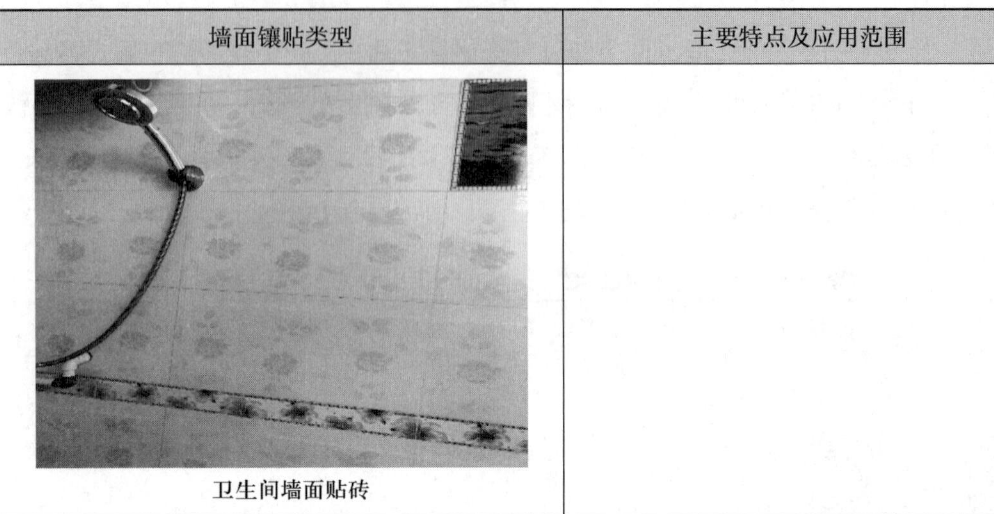 卫生间墙面贴砖	

2. 在墙面镶贴的质量检验中，主控项目的检验内容包括按图施工、瓷砖胶强度、尺寸、平整度、垂直度、横向灰缝水平度、竖向灰缝垂直度、方正、空鼓等，一般项目的检验内容包括选砖、缝隙均匀度、佩戴防护装备、场地整洁等。查阅相关资料，在表 1-1-4 中填写每个检验项目的质量标准、抽检数量和检验方法。

表 1-1-4　墙面镶贴检验项目

项目名称		质量标准	抽检数量	检验方法
主控项目	按图施工			
	瓷砖胶强度			
	尺寸			
	平整度			
	垂直度			
	横向灰缝水平度			
	竖向灰缝垂直度			
	方正			
	空鼓			
一般项目	选砖			
	缝隙均匀度			
	佩戴防护装备			
	场地整洁			

3. 阅读墙面镶贴的操作方法，简述瓷砖背面打灰法与薄贴法的区别。

4. 结合查找的薄贴法操作方法，分析实施该镶贴法的条件。

三、施工现场管理“7S”标准

1. “7S”管理是现代企业行之有效的现场管理理念和方法，它能提高工作效率，保证产品质量，使工作环境整洁有序，预防为主，保证安全。查阅相关资料，说明墙面镶贴现场管理“7S”标准相应的工作范畴，并填写在表 1-1-5 中。

表 1-1-5　墙面镶贴现场管理“7S”标准工作内容

内容	含义与目的	镶贴工作范畴
整理（SEIRI）	将工作场所的任何物品区分为有必要的物品和没有必要的物品，有必要的物品留下来，其他的都清除，腾出空间，塑造清爽的工作场所	
整顿（SEITON）	把留下来的必要物品依规定位置摆放整齐并加以标识，使工作场所一目了然，减少寻找物品的时间，营造整齐的工作环境，清除过多的积压物品	
清扫（SEISO）	将工作场所内看得见与看不见的地方清扫干净，保持工作场地干净、整洁；稳定品质，减少工业伤害	
清洁（SEIKETSU）	将整理、整顿、清扫进行到底，并制度化，经常保持外在环境的美观状态	
素养（SHITSUKE）	每一位成员养成良好的习惯，做事遵守规则，培养团队精神和积极主动的习惯	
安全（SECURITY）	重视安全教育，时刻牢记安全第一，防患于未然；建立安全的生产环境，所有的工作应在安全的前提下进行	
节约（SAVING）	合理利用时间、空间、能源等，使其发挥最大效能，创造高效、物尽其用的工作场所	

2. 根据所学的“7S”现场管理知识，以学习小组为单位，设计制作一份墙面镶贴施工流程看板图。

评价与分析

根据每个小组成员在本活动学习过程中的表现情况填写学习任务过程性考核评价表（见附录）。

学习活动 2
编制墙面镶贴施工方案

学习目标

1. 能识别常见瓷砖材料的种类和特性。

2. 能识别常见瓷砖胶、填缝剂材料的种类和特性。

3. 能正确选取常用镶贴工量具及机械设备等，并填写镶贴常见工量具及机械设备一览表。

4. 能利用学习资料，与小组成员合作，制作墙面镶贴技术交底记录表。

5. 能合理分工，制定并展示瓷砖墙面镶贴施工方案。

建议学时

4 学时。

学习过程

一、识别镶贴材料

镶贴材料通常包括各类瓷砖、瓷砖胶、填缝剂等，图 1-2-1、图 1-2-2 分别为常见的镶贴用瓷砖、瓷砖胶、填缝剂等材料。

图 1-2-1　常见瓷砖材料

a）通体砖　b）釉面砖　c）抛光砖　d）马赛克砖　e）玻化砖

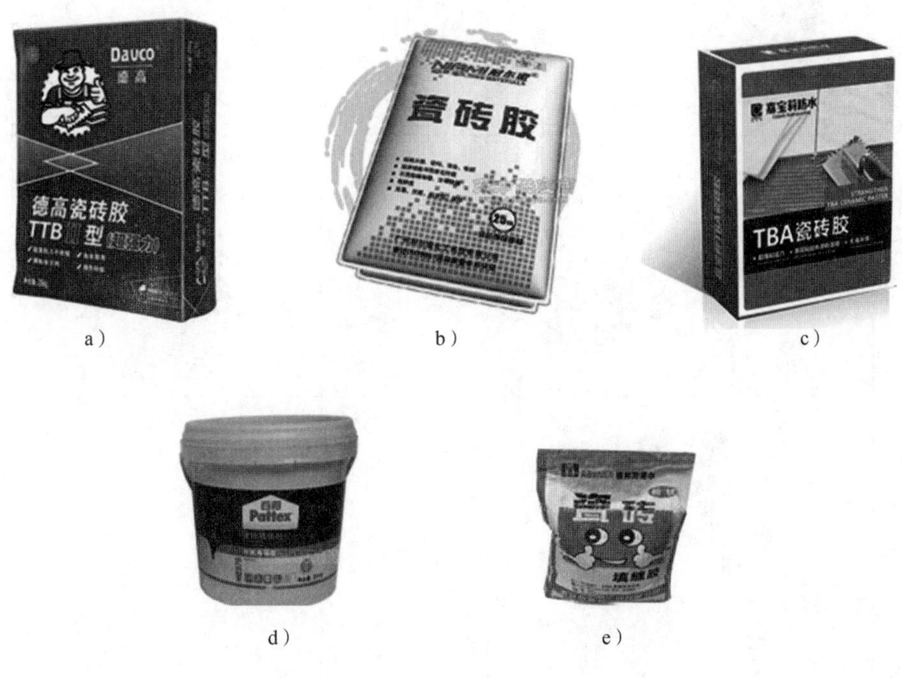

图 1-2-2　常见瓷砖胶、填缝剂材料

a）德高瓷砖胶　b）耐尔密瓷砖胶　c）嘉宝莉瓷砖胶　d）百得瓷砖胶　e）瓷砖填缝剂

二、识别镶贴工量具

镶贴工量具分为操作工具、测量工具和机械设备，查阅相关资料，在表 1-2-1 中填写常见镶贴工量具、设备的名称和作用。

表 1-2-1　常见镶贴工量具及设备一览表

类别	图片	名称	作用
操作工具	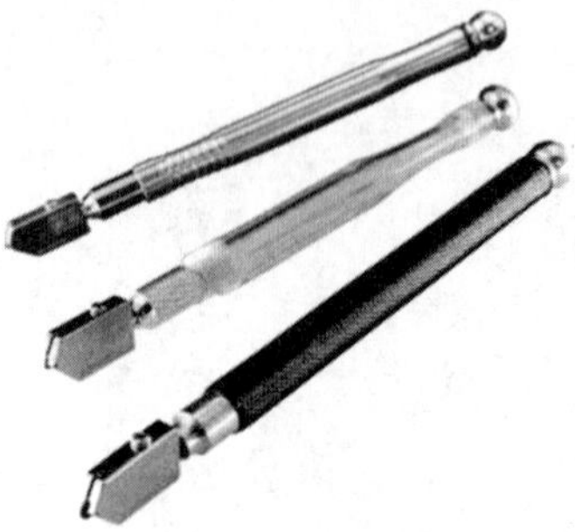		

	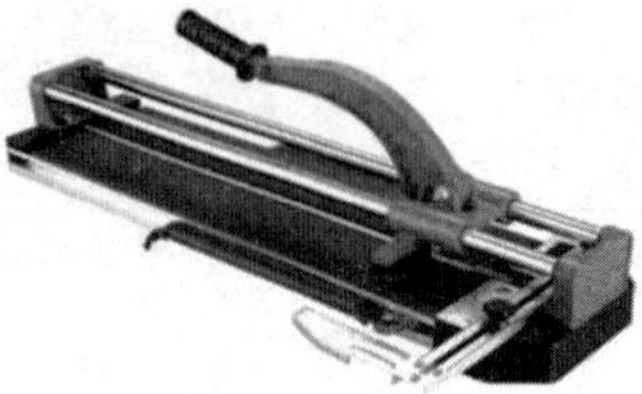		
	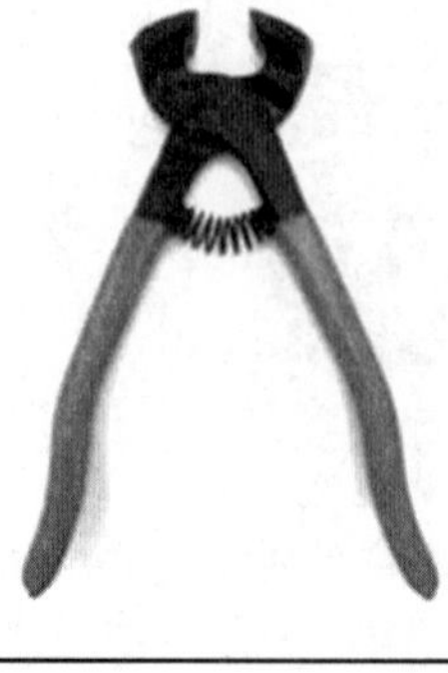		

续表

类别	图片	名称	作用
操作工具	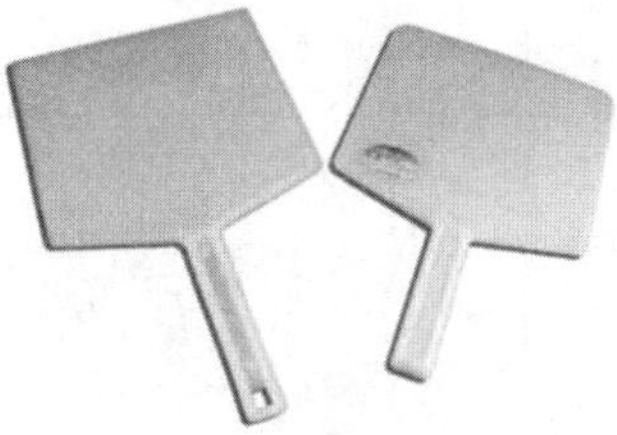		

	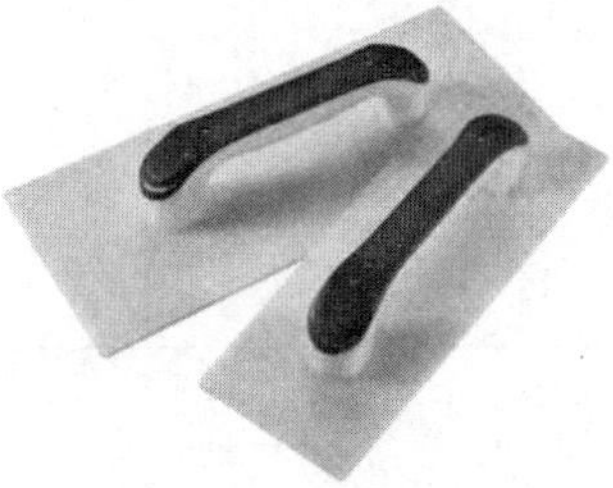		

续表

类别	图片	名称	作用
操作工具			

续表

类别	图片	名称	作用
操作工具	Tile Spacers 1.5MM		
测量工具	TAJIMA 3.5m HiLock-16 ◀Add 63mm▶		

续表

类别	图片	名称	作用
测量工具			
	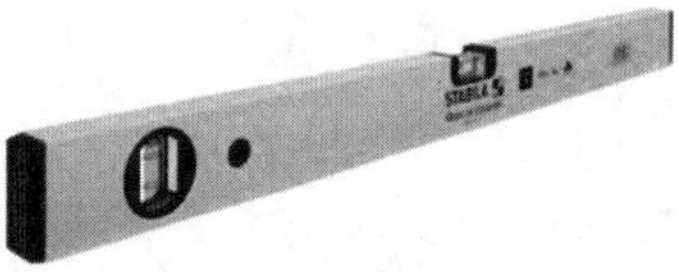		
	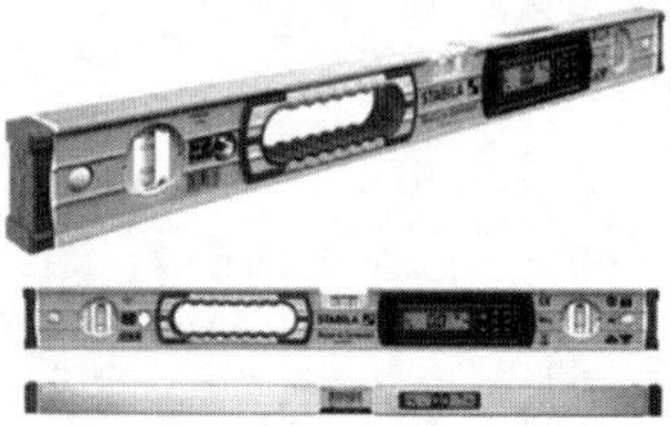		

续表

类别	图片	名称	作用
机械设备	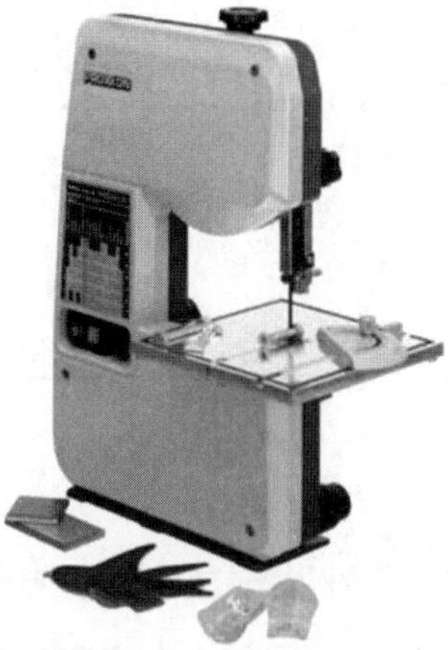		

	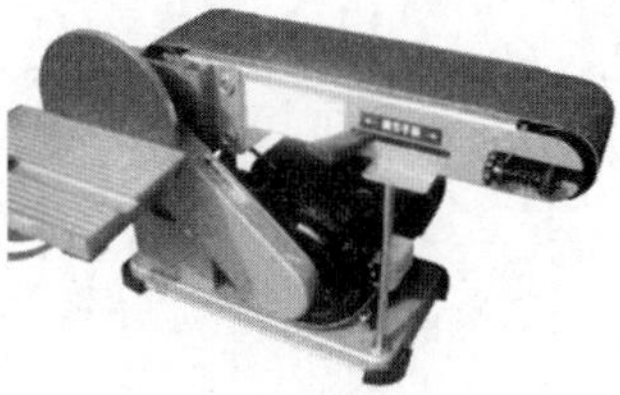		
	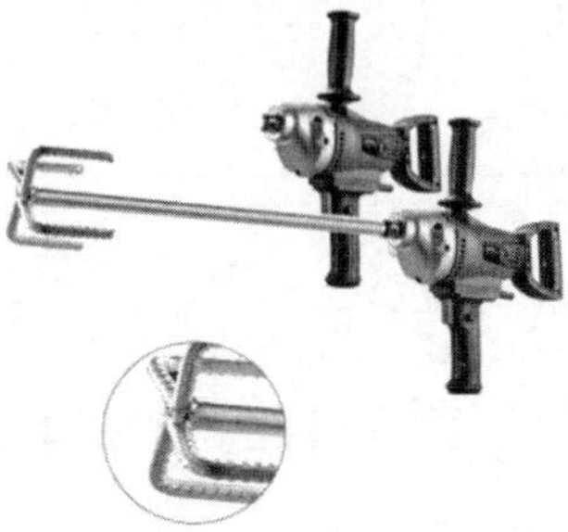		

续表

类别	图片	名称	作用
机械设备			

三、制作墙面镶贴技术交底记录

查阅相关资料，根据墙面镶贴施工规范要求，与小组成员合作，制作一份墙面镶贴技术交底记录（见表 1-2-2），交底内容包括材料要求、主要工量具、作业条件、操作工艺等。

表 1-2-2　墙面镶贴技术交底记录

技术交底记录		编号	
工程名称		交底日期	
施工单位		分项工程名称	
交底摘要			
交底内容：			

四、制定墙面镶贴施工方案

制定墙面镶贴施工方案，首先要明确完成墙面镶贴施工任务的基本步骤，本任务的施工步骤如图 1-2-3 所示。

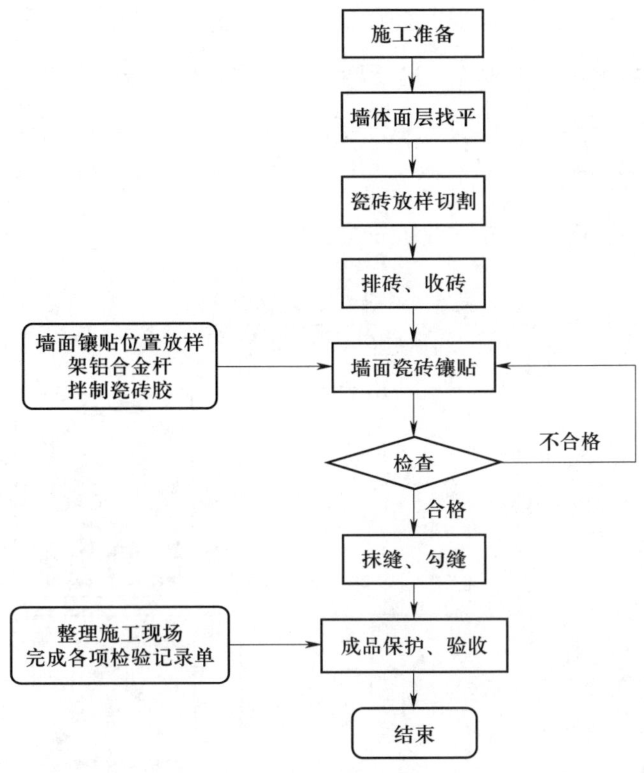

图 1-2-3　墙面镶贴施工步骤

1. 根据本任务施工步骤，小组讨论墙面镶贴需要准备的材料和工具，确定这些材料和工具是否在之前的学习任务中全部学习过。将未学习过的材料和工具列举出来，并简要说明它们的用途。

____

____

____

____

____

____

____

____

____

____

____

2. 在施工中应特别注意根据现场实际情况设置必要的安全防护设施，一般包括安全隔离防护设施和安全标志等。安全标志的作用是悬挂在施工现场，提醒人们注意和重视不安全因素，防止发生意外事件。安全标志的颜色不同，其含义也不同，查阅相关资料，说明表 1-2-3 中的各类安全标志在颜色和外形方面的特征。各学习小组讨论本任务中应在哪些位置设置安全标志。

表 1-2-3　安全标志图例

标志	含义	颜色和外形特征	图例
禁止标志	表示不准或禁止人们的某些行为		禁止合闸　禁止跨越
警告标志	警告人们可能发生的危险，如注意安全、当心触电、当心落物		注意安全　当心伤手
指令标志	必须遵守的命令，如必须戴安全帽、必须穿防护鞋		必须戴安全帽　必须系安全带
提示标志	示意目标的方向		紧急出口　避险处
辅助标志	对以上四种的补充说明		禁止合闸 线路有人工作

3. 制定本任务的墙面镶贴施工方案

根据小组成员的不同特点进行合理分工，通过讨论，制定本小组墙面镶贴施工方案，展示最佳工作方案，填入表 1-2-4 中。

表 1-2-4　墙面镶贴施工方案

任务名称		工作任务起止日期		制定方案日期	
序号	施工步骤	工作内容	所需资料、材料及工具	负责人	参与人员
1	施工准备				
2	墙体面层找平				
3	瓷砖放样				
4	瓷砖切割				
5	拌制瓷砖胶				
6	墙面镶贴位置放样				
7	墙面瓷砖镶贴				
8	抹缝、勾缝				
9	整理施工现场				
10	验收				

教师审核意见：

教师（签名）：　　　　　　　　决策人（签名）：

年　月　日

 评价与分析

根据每个小组成员在本活动学习过程中的表现情况填写学习任务过程性考核评价表（见附录）。

学习活动 3
审定墙面镶贴施工方案

学习目标

1. 能以小组为单位讨论已制定的施工方案并作出决策。
2. 能根据审批意见优化墙面镶贴施工方案。

建议学时

2 学时。

学习过程

一、第一次审定

教师对每份墙面镶贴施工方案（见表 1-2-4）的内容进行第一次审定，并将修改意见填写在方案中，由小组长组织每名学生认真阅读，按照教师的意见修改施工方案，填入表 1-3-1 中。

表 1-3-1　墙面镶贴施工方案（一审）

<table>
<tr><td>任务名称</td><td></td><td>工作任务起止日期</td><td></td><td>制定方案日期</td><td colspan="2"></td></tr>
<tr><td>序号</td><td>施工步骤</td><td>工作内容</td><td>所需资料、材料及工具</td><td>负责人</td><td>参与人员</td></tr>
<tr><td>1</td><td>施工准备</td><td></td><td></td><td></td><td></td></tr>
<tr><td>2</td><td>墙体面层找平</td><td></td><td></td><td></td><td></td></tr>
<tr><td>3</td><td>瓷砖放样</td><td></td><td></td><td></td><td></td></tr>
</table>

续表

序号	施工步骤	工作内容	所需资料、材料及工具	负责人	参与人员
4	瓷砖切割				
5	拌制瓷砖胶				
6	墙面镶贴位置放样				
7	墙面瓷砖镶贴				
8	抹缝、勾缝				
9	整理施工现场				
10	验收				

教师审核意见：

教师（签名）：　　　　决策人（签名）：

年　月　日

二、第二次审定

教师再次对小组提交的修改方案（见表 1-3-1）内容进行审定，若修改方案可行，即确定为可实施方案；若仍然存在问题，教师将修改意见填写在方案中，由小组长组织每名学生认真阅读，按照教师的第二次审定意见修改施工方案，填入表 1-3-2 中。

表 1-3-2　墙面镶贴施工方案（二审）

任务名称		工作任务起止日期		制定方案日期	
序号	**施工步骤**	**工作内容**	**所需资料、材料及工具**	**负责人**	**参与人员**
1	施工准备				
2	墙体面层找平				
3	瓷砖放样				
4	瓷砖切割				

续表

序号	施工步骤	工作内容	所需资料、材料及工具	负责人	参与人员
5	拌制瓷砖胶				
6	墙面镶贴位置放样				
7	墙面瓷砖镶贴				
8	抹缝、勾缝				
9	整理施工现场				
10	验收				

教师审核意见：

教师（签名）：　　　　决策人（签名）：

年　月　日

三、第三次审定

教师对小组提交的第二次修改方案（见表 1-3-2）的内容进行审定，确定为可实施方案，填入表 1-3-3 中。

表 1-3-3　墙面镶贴施工方案（定稿）

任务名称		工作任务起止日期		制定方案日期	
序号	施工步骤	工作内容	所需资料、材料及工具	负责人	参与人员
1	施工准备				
2	墙体面层找平				
3	瓷砖放样				
4	瓷砖切割				
5	拌制瓷砖胶				
6	墙面镶贴位置放样				

续表

序号	施工步骤	工作内容	所需资料、材料及工具	负责人	参与人员
7	墙面瓷砖镶贴				
8	抹缝、勾缝				
9	整理施工现场				
10	验收				

教师审核意见：

教师（签名）： 决策人（签名）：

年 月 日

 评价与分析

根据每个小组成员在本活动学习过程中的表现情况填写学习任务过程性考核评价表（见附录）。

学习活动4 实施墙面镶贴施工方案

学习目标

1. 能按照作业规范设置必要的安全隔离防护设施和安全标志，准备现场工作环境。

2. 能根据施工图要求，正确填写材料和工具清单，并能按仓库管理要求以学习小组为单位领料。

3. 能正确使用镶贴工具，按照工艺要求进行瓷砖墙面镶贴施工。

4. 能按照瓷砖镶贴施工规范和施工现场管理“7S”标准，在作业完毕后清点并整理工具、收集剩余材料、归置物品、清理工程垃圾、拆除防护设施。

5. 能正确填写施工作业验收相关表格，与项目技术负责人有效沟通并交付验收。

建议学时

8学时。

学习过程

一、施工前准备

1. 设置必要的安全隔离防护设施和安全标志，清理影响施工的杂物，准备现场工作环境，并将安全隔离防护设施和安全标志设置情况记录在表1-4-1中。

表 1-4-1　安全隔离防护设施和安全标志设置情况

安全隔离防护设施和安全标志	位置	目的

2. 除做好现场准备工作外，施工人员自身应做好哪些防护准备？以小组为单位进行讨论，并做好记录。

二、填写墙面镶贴施工所需材料和工具清单并领用

在施工前，回顾墙面镶贴施工步骤与施工方案，填写表 1-4-2 所示的材料和工具领用清单，以小组为单位，按仓库管理要求领取所需材料和工具。

表 1-4-2 材料和工具领用清单

序号	材料工具名称	单位	数量	备注
1				
2				
3				
4				
5				
6				
7				
8				
9				
10				
11				
12				
13				
14				
15				

三、实施墙面镶贴作业

1. 施工准备

在进行墙面镶贴施工前，需要对施工图进行会审，编制施工方案或作业指导书，进行技术、质量、安全、环境交底，同时还要在材料、施工机具、作业条件等方面做好相应的准备工作。

（1）墙面镶贴所用到的瓷砖、瓷砖胶、填缝剂等材料需要具有哪些证书和报告？

（2）进行墙面镶贴施工前，在配置瓷砖切割机具时，要注意哪些事项？

（3）进行墙面镶贴施工前，如何对墙体面层进行清理和找平？

2. 镶贴施工

（1）确定镶贴方法，运用薄贴法对本任务进行施工。通过实际作业操作，查阅相关资料，分析薄贴法的优缺点并提出改进措施。

（2）查阅相关资料，通过学习小组讨论，回答以下墙面镶贴过程的相关问题。

1. 判断题（正确的在题后括号内打“√”，错误的打“×”）

（1）釉面砖一般用于室内墙面装饰，室外较少使用。（　　）

（2）天然石材和人造石材在镶贴过程中必须留伸缩缝。（　　）

（3）瓷砖空鼓现象的原因是镶贴时基层清理不干净。（　　）

（4）镶贴外墙面砖可用小皮数杆控制水平的皮数。（　　）

（5）釉面砖错缝铺贴比直缝铺贴更美观。（　　）

（6）镶贴完的瓷砖表面不得有变色、起碱、污点、砂浆流痕和显著的光泽受损。（　　）

（7）嵌缝、勾缝不仅是为了美观，更重要的是使瓷砖黏结牢固。（　　）

（8）镶贴饰面砖的基层表面如遇突出的管线和设备支撑等，允许将整砖切开，拼凑镶贴。（　　）

（9）铺贴抹灰打底可使用过期水泥和受潮水泥。（　　）

（10）镶贴变形缝处的饰面板、饰面砖应按设计要求做出留缝宽度。（　　）

2. 选择题（将正确答案的字母填在括号内）

（1）釉面砖在施工挑选时应注意（　　）。

A. 颜色　B. 密度　C. 厚度　D. 吸水率

（2）镶贴饰面砖空鼓的主要原因是（　　）。

A. 黏结强度不够　B. 底灰空鼓

C. 饰面砖含水率超标　D. 基层清理不干净

（3）陶瓷壁画镶贴前应弹（　　）。

A. 边框线　B. 十字线　C. 分格线　D. 以上都应有

（4）瓷砖在粘贴前没有用水浸泡，会造成（　　）。

A. 空鼓　B. 表面起碱　C. 不平整　D. 强度低

（5）室外镶贴外墙砖时，脚手板要满铺，最窄不得少于（　　）块。

A. 2　B. 3　C. 4　D. 5

（6）釉面砖镶贴时，如遇水池、镜框等部位，应以水池、镜框（　　）为中心往两边分贴。

A. 左侧　B. 中心　C. 右侧　D. 以上都对

（7）将工程分成若干施工段，每个施工段的工作量大致相等，工人可以先后安排在各个施工段上连续均衡地进行施工操作，这种施工方法称为（　　）。

A. 顺序施工法　B. 习惯施工法　C. 流水施工法　D. 立体施工法

（8）镶贴瓷砖如要搭设脚手架，脚手架离墙距离应为（　　）mm。

A. 50 ~ 100　B. 100 ~ 150　C. 150 ~ 200　D. 200 ~ 250

（9）外墙面砖表面污染严重时，可用浓度为（　　）刷洗。

A. 10%的盐酸　B. 10%的硫酸　C. 10%的草酸　D. 以上都可以

（10）瓷砖材料质地疏松有隐伤，施工前浸泡不透，粘贴砂浆保水性差，会造成瓷砖（　　）。

A. 裂缝　B. 变色　C. 空鼓　D. 以上都可能

（3）检验

完成墙面镶贴施工后，要做好成品保护，准备工程验收。

四、墙面镶贴成品的验收

1. 完成墙面镶贴施工后，按墙面镶贴施工工作单交付验收人验收，并按表 1-4-3 所列的验收标准进行验收，填写验收意见。

表 1-4-3　墙面镶贴施工验收标准

序号	验收项目	验收标准	客户意见	权重（%）	教师评分
1	按图施工	拼花、铺贴方向等			
2	瓷砖胶强度	试块标养			
3	尺寸	标准值 ±1 mm			
4	平整度	≤ 1 mm			
5	垂直度	≤ 1 mm			
6	横向灰缝水平度	≤ 1 mm			
7	竖向灰缝垂直度	≤ 1 mm			
8	方正	≤ 1 mm			
9	空鼓	≤ 1%			
10	选砖	是否有破碎、崩角、色差、尺寸误差等			

续表

序号	验收项目	验收标准	客户意见	权重（%）	教师评分
11	缝隙均匀度	均匀、规整一致			
12	佩戴防护装备	耳塞、口罩、护目镜和钢头鞋等			
13	场地整洁	随铺随清			

2. 记录验收过程中存在的问题，小组讨论解决问题的方法，并填入表1-4-4。

表1-4-4　验收过程问题记录表

序号	验收过程中存在的问题	改进和完善措施	完成时间	备注
1				
2				
3				
4				
5				

3. 墙面镶贴成品验收结束后，整理材料和工具，归还领用物品，并填写墙面镶贴成品交付清单、材料和工具归还清单，见表1-4-5和表1-4-6。

表1-4-5　墙面镶贴成品交付清单

<table>
<tr><td>任务名称</td><td colspan="3"></td><td>接单日期</td><td></td></tr>
<tr><td>工作地点</td><td colspan="3"></td><td>交付日期</td><td></td></tr>
<tr><td rowspan="2">三方评价结果（百分制）</td><td>自我评价</td><td>小组评价</td><td>项目负责人评价</td><td rowspan="2">验收结论（百分制）</td><td rowspan="2"></td></tr>
<tr><td></td><td></td><td></td></tr>
</table>

表1-4-6　材料和工具归还清单

序号	材料和工具名称	型号和规格	数量	备注
1				
2				
3				
4				

续表

序号	材料和工具名称	型号和规格	数量	备注
5				
6				
7				
8				
项目负责人（签名）： 年　月　日	团队负责人（签名）： 年　月　日			

五、清理施工现场

施工完毕，若自检合格，应按相关标准和施工现场管理“7S”标准，清点、整理工具，收集剩余材料，归置物品，清理施工垃圾，拆除防护措施。

1. 查阅相关资料，回顾墙面镶贴施工过程，简述本次任务中的哪些环节属于施工现场管理“7S”标准内容的范畴。

2. 本任务施工完毕后，拆除安全隔离防护设施的顺序是什么？

3. 本任务施工完毕后，应进行哪些清点和清理工作？

评价与分析

根据每个小组成员在本活动学习过程中的表现情况填写学习任务过程性考核评价表（见附录）。

学习活动 5 墙面镶贴过程控制

学习目标

1. 能按照墙面镶贴作业质量，对墙面瓷砖成品进行过程检验。

2. 能对照《世界技能标准规范》，检查记录与图纸原始数据之间的误差，并分析原因。

建议学时

4 学时。

学习过程

一、墙面镶贴施工过程抽检

查阅相关资料，依据国家标准《建筑装饰装修工程质量验收标准》(GB 50210—2018)，以小组为单位，对已实施的墙面镶贴成品进行过程质量检验，并将检验情况记录在表 1-5-1 中。

表 1-5-1 墙面镶贴成品过程检验情况一览表

项目名称		检验标准	抽检数量	权重（%）	评分
主控项目	按图施工	拼花、铺贴方向等			
	瓷砖胶强度	试块标养			
	尺寸	标准值 ±1 mm			
	平整度	≤ 1 mm			

续表

项目名称		检验标准	抽检数量	权重（%）	评分
主控项目	垂直度	≤ 1 mm			
	横向灰缝水平度	≤ 1 mm			
	竖向灰缝垂直度	≤ 1 mm			
	方正	≤ 1 mm			
	空鼓	≤ 1%			
一般项目	选砖	是否有破碎、崩角、色差、尺寸误差等			
	缝隙均匀度	均匀、规整一致			
	佩戴防护装备	耳塞、口罩、护目镜和钢头鞋等			
	场地整洁	随铺随清			

二、检查误差并分析原因

对照《世界技能标准规范》，检查记录与图纸原始数据之间的误差，并分析原因。

____

____

____

____

____

____

评价与分析

根据每个小组成员在本活动学习过程中的表现情况填写学习任务过程性考核评价表（见附录）。

学习活动 6
墙面镶贴工作总结评价

学习目标

1. 能按分组情况，派代表展示工作成果，说明本次任务的完成情况，并做分析总结。

2. 能结合任务完成情况，正确规范地撰写工作总结（心得体会）。

3. 能对学习与工作进行反思总结，并与他人开展良好合作，进行有效沟通。

建议学时

4 学时。

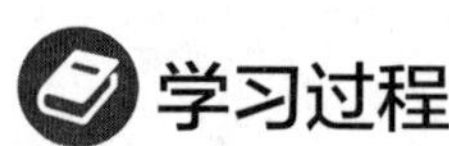

学习过程

一、小组评价

以小组为单位，选择演示文稿、展板、海报、视频等形式中的一种或几种，向全班展示墙面镶贴作业成果。在展示过程中，以小组为单位进行评价；评价完成后，根据其他小组对本组展示成果的评价意见进行归纳总结。

____

____

____

____

____

二、教师评价

认真听取教师对本小组展示成果优缺点以及在完成任务过程中出现的亮点和不足的评价意见，并做好记录。

1. 教师对本小组展示成果优点的点评。

2. 教师对本小组展示成果缺点以及改进方法的点评。

3. 教师对本小组在整个任务完成过程中出现的亮点和不足的点评。

三、工作过程回顾及总结

1. 总结完成墙面镶贴施工任务过程中遇到的问题和困难，列举 2 ~ 3 点你认为比较值得与他人分享的工作经验。

2. 回顾本学习任务的工作过程，对新学专业知识和技能进行归纳和整理，写一篇不少于 800 字的工作总结。

工 作 总 结

评价与分析

按照客观、公正和公平原则，在教师的指导下按自我评价、小组评价和教师评价三种方式对自己或他人在本学习任务中的表现进行综合评价。综合等级按 A（90 ~ 100 分）、B（75 ~ 89 分）、C（60 ~ 74 分）、D（0 ~ 59 分）四个级别进行填写，见表 1-6-1。

表 1-6-1　学习任务综合评价表

考核项目	评价内容	配分	评价分数		
			自我评价	小组评价	教师评价
职业素养	劳动防护用品穿戴完备，仪容仪表符合工作要求	10			
	安全意识、责任意识、服从意识、团队合作意识强，善于与人交流和沟通	10			
	积极参加教学活动，按时完成各项学习任务	10			
	自觉遵守劳动纪律，尊敬师长，团结同学	10			
	爱护公物，节约材料，施工现场管理符合“7S”标准	10			
专业能力	专业知识扎实，有较强的自学能力	10			
	镶贴操作积极，训练刻苦，具有一定的动手能力	10			
	镶贴操作规范，认真选取原料，注重工艺安全，工作效率高	10			
工作成果	镶贴流程符合工艺规范，成品满足施工要求	10			
	工作总结符合要求，镶贴质量高	10			
总分		100			
总评	自我评价 ×20% + 小组评价 ×30% + 教师评价 ×50% =	综合等级		教师签名：	

学习任务二
地面镶贴

学习目标

1. 能根据工作情境描述，明确任务要求，填写地面镶贴施工工作单。
2. 能查阅相关资料，获取地面镶贴信息要素。
3. 能查阅相关资料，提取地面镶贴施工流程，编制地面镶贴施工方案。
4. 能编制并根据实际情况填写地面镶贴常见质量问题表。
5. 能与小组内成员进行有效沟通，共同优化确定地面镶贴施工方案。
6. 能根据施工方案进行地面镶贴施工。
7. 能对照《世界技能标准规范》，检查记录与图纸原始数据之间的误差，并分析原因，提出整改措施。
8. 能正确填写地面镶贴验收报告，并完成交付验收工作。
9. 能正确核算成本，在保证施工质量的前提下选取合理的采购方式。
10. 能按施工现场管理“7S”标准清除现场垃圾并整理现场。
11. 能对地面镶贴验收资料进行归档、整理。
12. 能客观准确地自评、互评。

建议学时

30 学时。

工作流程与活动

1. 获取地面镶贴施工信息（4 学时）
2. 编制地面镶贴施工方案（4 学时）
3. 审定地面镶贴施工方案（2 学时）
4. 实施地面镶贴施工方案（12 学时）
5. 地面镶贴过程控制（4 学时）
6. 地面镶贴工作总结评价（4 学时）

工作情境描述

某小区别墅装修施工，需要对地面进行瓷砖镶贴施工。

施工人员从工程项目部领取地面施工图和任务书，明确施工流程、内容和规范，根据地面施工图纸，明确镶贴形式、精度等要求（根据《世界技能标准规范》，精度均为 1 mm，超出则需修正），编制地面镶贴施工方案，写出工序，领取相关工量具；查看施工现场，明确施工地面条件，根据施工图确定所需材料、下水管位置和下水坡度，准备所需切割机和其他设备，进行瓷砖排砖下料、放样、切割，以及砂浆搅拌、瓷砖组贴，并进行自检和互检，形成记录，向工程项目部反馈并存档，最后将所有技术文档上交项目经理。

学习活动 1
获取地面镶贴施工信息

学习目标

1. 能根据工作情境描述，明确任务要求，填写地面镶贴施工工作单。
2. 能查阅相关资料，说出地面镶贴常用材料、工具。
3. 能查阅相关资料，提取地面镶贴施工流程，列举施工技术要点。
4. 能说出地面镶贴施工安全注意事项。
5. 能根据施工现场管理“7S”标准描述地面镶贴现场管理工作范畴。

建议学时

4 学时。

学习过程

一、明确任务，填写工作单

1. 阅读工作情境描述，用荧光笔在任务书中画出关键词，并将关键词记录在下方横线处，用星号将需要进一步了解的词标注出来。

____

____

____

____

____

____

2. 查阅相关资料，根据实际情况填写表 2-1-1。

表 2-1-1　地面镶贴施工工作单

<table>
<tr><td>任务名称</td><td colspan="3"></td><td>接单日期</td><td></td></tr>
<tr><td>工作地点</td><td colspan="3"></td><td>任务周期</td><td></td></tr>
<tr><td>工作内容</td><td colspan="5"></td></tr>
<tr><td>提供工具、材料</td><td colspan="5"></td></tr>
<tr><td>施工项目</td><td colspan="5"></td></tr>
<tr><td>项目负责人姓名</td><td></td><td>联系电话</td><td></td><td>验收日期</td><td></td></tr>
<tr><td>团队负责人姓名</td><td></td><td>联系电话</td><td></td><td>团队名称</td><td></td></tr>
<tr><td>备注</td><td colspan="5"></td></tr>
</table>

3. 根据《外墙饰面砖粘贴工程施工工艺标准》（J353—2004）和《世界技能大赛实训导则——瓷砖贴面》，填写表 2-1-2 至表 2-1-4。

表 2-1-2　地面镶贴材料清单

序号	材料名称	要求
1		
2		
3		

表 2-1-3　地面镶贴工具清单（《外墙饰面砖粘贴工程施工工艺标准》）

序号	工具类型	主要用途	优缺点
1	测量工具		
2	切割工具		
3	打磨工具		
4	抹灰工具		
5	辅助工具		
6	防护工具		

表 2-1-4　地面镶贴工具清单（《世界技能大赛实训导则——瓷砖贴面》）

序号	工具类型	主要用途	优缺点
1	测量工具		
2	切割工具		
3	打磨工具		
4	抹灰工具		
5	辅助工具		
6	防护工具		

二、认知地面镶贴

1. 认识各种瓷砖类型

瓷砖按其制作工艺及特色可分为釉面砖、通体砖、抛光砖、玻化砖及马赛克。查阅相关资料，了解不同类型瓷砖的主要特点及应用范围，填写表 2-1-5。

表 2-1-5　不同类型瓷砖的主要特点及应用范围

瓷砖类型	主要特点	应用范围
釉面砖		
通体砖		
抛光砖		
玻化砖		
马赛克		

2. 认识地面镶贴的施工方法要点

（1）查阅《外墙饰面砖粘贴工程施工工艺标准》（J353—2004）、《世界技能大赛实训导则——瓷砖贴面》、《建筑装饰装修工程质量验收标准》（GB 50210—2018）和《外墙饰面砖工程施工及验收规程》（JGJ 126—2015），填写表 2-1-6。

表 2-1-6　镶贴施工方法

序号	施工方法	定义	优点	缺点
1	硬底施工法（干式工法）			
2	软底施工法（湿式工法）			
3	薄贴法			
4	厚贴法			

（2）观看地面镶贴施工视频，画出地面镶贴施工流程图。

（3）阅读《地面砖镶贴施工工艺标准》和《建筑装饰装修工程质量验收标准》（GB 50210—2018），列举地面镶贴施工技术控制点（材料、砖面层、一般项目、主控项目），形成一份地面镶贴施工质量控制点列表。

三、施工现场管理“7S”标准

1.“7S”管理是现代企业行之有效的现场管理理念和方法，它能提高工作效率，保证产品质量，使工作环境整洁有序，预防为主，保证安全。查阅相关资料，说明地面镶贴现场管理“7S”标准相应的工作范畴，并填写在表 2-1-7 中。

表 2-1-7　地面镶贴现场管理“7S”标准工作内容

内容	含义与目的	镶贴工作范畴
整理（SEIRI）	将工作场所的任何物品区分为有必要的物品和没有必要的物品，有必要的物品留下来，其他的都清除，腾出空间，塑造清爽的工作场所	
整顿（SEITON）	把留下来的必要物品依规定位置摆放整齐并加以标识，使工作场所一目了然，减少寻找物品的时间，营造整齐的工作环境，清除过多的积压物品	
清扫（SEISO）	将工作场所内看得见与看不见的地方清扫干净，保持工作场地干净、整洁；稳定品质，减少工业伤害	
清洁（SEIKETSU）	将整理、整顿、清扫进行到底，并制度化，经常保持外在环境的美观状态	
素养（SHITSUKE）	每一位成员养成良好的习惯，做事遵守规则，培养团队精神和积极主动的习惯	
安全（SECURITY）	重视安全教育，时刻牢记安全第一，防患于未然；建立安全的生产环境，所有的工作应在安全的前提下进行	
节约（SAVING）	合理利用时间、空间、能源等，使其发挥最大效能，创造高效、物尽其用的工作场所	

2. 根据所学的“7S”现场管理知识，以学习小组为单位，设计制作一份地面镶贴流程看板图。

评价与分析

根据每个小组成员在本活动学习过程中的表现情况填写学习任务过程性考核评价表（见附录）。

学习活动 2
编制地面镶贴施工方案

学习目标

1. 能说出地面镶贴工作流程及主要技术要点。
2. 能正确选取常用镶贴工具和相关机械设备。
3. 能合理分工，编制地面镶贴施工方案。
4. 能明确地面镶贴施工工程质量检查流程和常见质量问题的发生部位。
5. 能编制地面镶贴施工质量检查表。
6. 能利用学习资料，与小组成员合作，制作地面镶贴技术交底记录。

建议学时

4 学时。

学习过程

一、制定任务分工表

1. 确定工作流程与技术要点

查阅相关资料，利用头脑风暴法进行小组讨论，列出地面镶贴的主要工作流程、组砌原则、技术要点等。

____

____

____

2. 填写任务分工表

根据地面镶贴工作流程，小组讨论人员分工，填写表 2-2-1。

表 2-2-1 任务分工表

序号	姓名	任务	任务技术要点	完成时间	验收人

二、计算工程量

1. 根据图纸进行排砖，瓷砖尺寸为 150 mm × 150 mm，画出瓷砖排布图。

2. 根据瓷砖排布图，填写表 2-2-2。

表 2-2-2 材料下料单

编号	形状	颜色	尺寸	数量	备注

三、制定地面镶贴施工方案

1. 根据规范要求，列出本工程地面镶贴施工流程、具体工作内容及技术要求，填写表 2-2-3。

表 2-2-3 地面镶贴施工方案

任务名称		工作任务起止日期		制定方案日期	
序号	施工步骤	工作内容	所需资料、材料及工具	负责人	参与人员
1	基层处理				
2	弹线、分格、定位				
3	预排				
4	铺贴				
5	抹缝				
6	养护				
7	清理				
8	检验				

教师审核意见：

教师（签名）： 决策人（签名）：

年 月 日

2. 阅读《建筑装饰装修工程质量验收标准》(GB 50210—2018)和《地面砖镶贴施工工艺标准》，填写表 2-2-4。

表 2-2-4　地面镶贴施工质量检查表

地面镶贴常见质量问题	原因	部位
缝格不直不匀		
面层空鼓		
地面渗漏		
面层污染严重		
地漏周围的面砖套割不规则		

四、制作地面镶贴技术交底记录

查阅相关资料，根据施工规范要求，与小组成员合作，制作一份地面镶贴技术交底记录，见表 2-2-5，交底内容包括材料要求、主要工量具、作业条件、操作工艺等。

表 2-2-5　地面镶贴技术交底记录

技术交底记录		编号	
工程名称		交底日期	
施工单位		分项工程名称	
交底摘要			
交底内容：			

评价与分析

根据每个小组成员在本活动学习过程中的表现情况填写学习任务过程性考核评价表（见附录）。

学习活动 3
审定地面镶贴施工方案

学习目标

1. 能审定地面镶贴施工方案的合理性和完整性。
2. 能以小组为单位，讨论已制定的施工方案并作出决策。
3. 能根据审定意见，优化地面镶贴施工方案。

建议学时

2 学时。

学习过程

一、第一次审定

教师对每份地面镶贴施工方案（见表 2-2-3）的内容进行第一次审定，并将修改意见填写在方案中，由小组长组织每名学生认真阅读，按照教师的意见修改施工方案，填入表 2-3-1 中。

表 2-3-1　地面镶贴施工方案（一审）

任务名称		工作任务起止日期		制定方案日期	
序号	施工步骤	工作内容	所需资料、材料及工具	负责人	参与人员
1	基层处理				

续表

序号	施工步骤	工作内容	所需资料、材料及工具	负责人	参与人员
2	弹线、分格、定位				
3	预排				
4	铺贴				
5	抹缝				
6	养护				
7	清理				
8	检验				

教师审核意见：

教师（签名）：　　　　决策人（签名）：

年　月　日

二、第二次审定

教师再次对小组提交的修改方案（见表 2-3-1）内容进行审定，若修改方案可行，即确定为可实施方案；若仍然存在问题，教师将修改意见填写在方案中，由小组长组织每名学生认真阅读，按照教师的第二次审定意见修改施工方案，填入表 2-3-2 中。

表 2-3-2　地面镶贴施工方案（二审）

任务名称		工作任务起止日期		制定方案日期	
序号	施工步骤	工作内容	所需资料、材料及工具	负责人	参与人员
1	基层处理				
2	弹线、分格、定位				

续表

序号	施工步骤	工作内容	所需资料、材料及工具	负责人	参与人员
3	预排				
4	铺贴				
5	抹缝				
6	养护				
7	清理				
8	检验				

教师审核意见：

教师（签名）：　　　　　　　　决策人（签名）：

年　月　日

三、第三次审定

教师对小组提交的第二次修改方案（见表 2-3-2）的内容进行审定，确定为可实施方案，填入表 2-3-3 中。

表 2-3-3　地面镶贴施工方案（定稿）

任务名称		工作任务起止日期		制定方案日期	
序号	施工步骤	工作内容	所需资料、材料及工具	负责人	参与人员
1	基层处理				
2	弹线、分格、定位				
3	预排				
4	铺贴				
5	抹缝				
6	养护				

续表

序号	施工步骤	工作内容	所需资料、材料及工具	负责人	参与人员
7	清理				
8	检验				

教师审核意见：

教师（签名）：　　　　　　　　　　决策人（签名）：

年　月　日

评价与分析

根据每个小组成员在本活动学习过程中的表现情况填写学习任务过程性考核评价表（见附录）。

学习活动 4
实施地面镶贴施工方案

学习目标

1. 能勘察施工现场，明确施工地面条件，获取相关施工资料。

2. 能正确填写材料与工具领用清单。

3. 能口述地面镶贴工艺、质量控制及操作要点。

4. 能根据施工方案进行地面镶贴施工，正确排砖、下料、放样、切割，搅拌砂浆。

5. 能对照《世界技能标准规范》，检查记录与图纸原始数据之间的误差，并分析原因，提出整改措施。

6. 能正确填写地面镶贴验收报告，并完成交付验收工作。

7. 能正确核算成本，在保证施工质量的前提下选取合理的采购方式。

8. 能按施工现场管理“7S”标准清除现场垃圾并整理现场。

建议学时

12 学时。

学习过程

一、施工前准备

1. 场地及人员安全准备

（1）设置必要的安全隔离防护设施和安全标志，清理影响施工的杂物，准备现场工作环境，将安全隔离防护设施和安全标志设置情况记录在表 2-4-1 中。

表 2-4-1　安全隔离防护设施和安全标志设置情况

安全隔离防护设施和安全标志	位置	目的

（2）除做好现场准备工作外，施工人员自身应做好哪些防护准备？以小组为单位进行讨论，并做好记录。

____

____

____

____

____

____

2. 材料和工具准备

在施工前，回顾地面镶贴工艺步骤与施工图，填写表 2-4-2 所示的材料和工具领用清单，以小组为单位，按仓库管理要求领取所需材料和工具。

表 2-4-2　材料和工具领用清单

序号	材料和工具名称	单位	数量	备注
1				
2				
3				

续表

序号	材料和工具名称	单位	数量	备注
4				
5				
6				
7				
8				
9				
10				
11				
12				
13				
14				
15				

3. 技术准备

（1）写出开箱检查所需要保留的文件，并核对教师所给材料是否齐全。

（2）相关标准中对饰面砖进场检验的检查数量是如何规定的?

（3）饰面砖进场检验需要检查哪些内容？如何检查？

（4）对教师所提供饰面砖样品进行检查，并填写表 2-4-3。

表 2-4-3　饰面砖材料进场抽查验收记录

材料名称			进场日期	
使用部位			进场数量	
生产厂家			抽检批次	
组织人员			参与人员	
送检日期		报告编号		后附监理见证取样单与复试报告复印件

主控项目

检测项目	允许偏差	序号										合格率	备注
		1	2	3	4	5	6	7	8	9	10		
边长	± 0.5%												
厚度	± 4%												
对角线尺寸	± 3 mm												
外观质量	观察其主视区域应无磕碰、裂纹、落渣及其他明显缺陷												
监理单位意见	监理工程师（签字）：　　　日期：　　年　　月　　日												
建设单位意见	土建工程师（签字）：　　　日期：　　年　　月　　日												

（5）施工前，应做好哪些准备工作？

1）墙面抹灰做完并已弹好____cm 水平标高线。

2）穿过地面的套管已做完，管洞已用__________密实。

3）设计要求做防水层时，已办完________手续，并完成______试验，办好验收手续。

（6）瓷砖切割注意事项有哪些？

____

____

____

____

____

____

（7）填写表 2-4-4。

表 2-4-4　瓷砖切割质量控制表

技术内容	学生自评				教学考评				具体说明	备注
	优	良	中	差	优	良	中	差		
切割瓷砖直线度										
切割瓷砖圆弧度										
切割瓷砖精确度										
切割瓷砖是否光滑										
切割瓷砖是否掉瓷										
具有主动检查计算结果的习惯和能力										
具有主动维护保养裁切工具的习惯和能力										

二、实施地面镶贴作业

1. 检查作业条件

小组共同检查准备工作完成情况，填写表 2-4-5。

表 2-4-5　地面镶贴准备工作检查清单

序号	准备工作	准备情况（罗列具体名称及数量）
1	材料是否已准备好	
2	砖是否提前浇水湿润	
3	工具是否已准备好并摆放至工作台	
4	工作现场是否清理整洁，无杂物	
5	工作人员是否按要求着装及佩戴安全装备	
6	其他	

2. 基层处理

（1）冲筋：以墙面_____cm 水平标高线为准，测出面标高，拉________做灰饼，灰饼上平为________下皮。然后进行冲筋，在房间中间每隔_______m 冲筋一道。有地漏的房间按设计要求的坡度找坡，冲筋应朝地漏方向呈_______。

（2）冲筋后，用_________干硬性水泥砂浆（干硬程度以手捏成团、落地开花为准）铺设厚度约为________mm，用大杠（顺标筋）将砂浆刮平，木抹子拍实，抹平整。有地漏的房间要按设计要求的坡度做出_______。

3. 弹线、分格、定位

找平层抹好______h 后或抗压强度达到______MPa 后，在找平层上测量房间内长度尺寸，在房间中心弹______字控制线，根据设计要求的图案结合地面砖的尺寸，计算出所铺贴的张数，不足整张的应甩到边角处，不能贴到明显部位。

4. 预排

绘制瓷砖预排简图。

5. 铺贴

（1）在砂浆找平层上浇水湿润后，抹一道________mm 厚的水泥浆结合层（宜掺水泥质量 20% 的 107 胶）摊在面砖的背面，然后将面砖与地面铺贴，用橡皮锤敲击面砖，使其与地面压实，并且高度与地面标高线吻合，应随抹随贴，面积不要过大，整个房间宜_______次镶铺连续操作。

（2）地面砖的铺贴程序：房间面积较小时，通常是做成____形标准高度面；房间面积较大时，通常是在房间中心按______字形做出标准高度面。

（3）铺贴大面：以铺好的标准高度面为标基进行铺贴，铺贴时紧靠已铺好的标准高度开始施工，并用拉出的对缝平直线控制地面砖对缝的平直。

（4）修整：整间铺好后，在锦砖上垫_____，人站在垫板上修理四周的边角，并将锦砖地面与其他地面门口接槎处修好，保证接槎平直。

6. 抹缝

整副地面砖铺贴完毕后，养护______天再进行抹缝，抹缝时，将________成干性团，在缝隙上擦抹，使面砖的对缝内填满白水泥，再将面砖表面擦净。

7. 养护

砖地面抹缝_______h 后，应铺上锯末常温养护（或用塑料薄膜覆盖），养护时间不得少于______天，且不准上人。

8. 清理

清理地面多余灰浆，用抹布或海绵清理裸露砖面，检查表面应整洁美观。

9. 检验

完成地面镶贴施工后，要做好成品保护，准备工程验收。

三、地面镶贴成品的验收

1. 监理验收

查阅《建筑装饰装修工程质量验收标准》（GB 50210—2018）、《外墙饰面砖粘贴工程施工工艺标准》（J353—2004）、《世界技能大赛实训导则——瓷砖贴面》和地面镶贴施工图，了解地面镶贴成品验收项目及标准。各小组角色由施工方转变为监理方，交叉检查其他小组成品，填写表 2-4-6。验收过程中与施工方进行沟通，明确问题所在，施工方填写验收意见。

表 2-4-6　地面镶贴施工验收标准

序号	验收项目	验收标准	施工方意见	权重（%）	教师评分
1					
2					
3					
4					
5					
6					
7					
8					

2. 记录验收问题

记录验收过程中存在的问题，小组讨论解决问题的方法，并填入表 2-4-7。

表 2-4-7　验收过程问题记录

序号	验收过程中存在的问题	改进和完善措施	完成时间	备注
1				
2				
3				
4				
5				

3. 整理

地面镶贴成品验收结束后，整理材料和工具，归还领用物品，并填写地面镶贴成品交付清单、材料和工具归还清单，见表 2-4-8 和表 2-4-9。

表 2-4-8　地面镶贴成品交付清单

<table>
<tr><td>任务名称</td><td colspan="3"></td><td>接单日期</td><td></td></tr>
<tr><td>工作地点</td><td colspan="3"></td><td>交付日期</td><td></td></tr>
<tr><td rowspan="2">三方评价结果（百分制）</td><td>自我评价</td><td>小组评价</td><td>项目负责人评价</td><td rowspan="2">验收结论（百分制）</td><td rowspan="2"></td></tr>
<tr><td></td><td></td><td></td></tr>
</table>

表 2-4-9　材料和工具归还清单

序号	材料和工具名称	型号和规格	数量	备注
1				
2				
3				
4				
5				
6				
7				
8				
项目负责人（签名）： 年　月　日	团队负责人（签名）： 年　月　日			

四、清理施工现场

施工完毕，若自检合格，应按施工规范和施工现场管理“7S”标准，清点、整理工具，收集剩余材料，归置物品，清理施工垃圾，拆除防护措施。

1. 查阅相关资料，回顾地面镶贴施工过程，简述本次任务中的哪些环节属于施工现场管理“7S”标准内容的范畴。

____

____

____

____

____

____

2. 本任务施工完毕后，拆除安全隔离防护设施的顺序是什么？

____

____

____

____

____

3. 本任务施工完毕后，应进行哪些清点和清理工作？

评价与分析

根据每个小组成员在本活动学习过程中的表现情况填写学习任务过程性考核评价表（见附录）。

学习活动 5
地面镶贴过程控制

学习目标

1. 能按照地面镶贴作业质量，对地面镶贴成品进行过程检验。

2. 能找出产生质量问题的原因。

3. 能对照《世界技能标准规范》，检查记录与图纸原始数据之间的误差，并分析原因。

建议学时

4 学时。

学习过程

一、地面镶贴施工过程抽检

查阅相关资料，以小组为单位，对已实施的地面镶贴成品进行过程质量检验，并将检验情况记录在表 2–5–1 中。

表 2–5–1　地面镶贴成品过程检验情况

项目名称	检验标准	抽检数量	权重（%）	评分

续表

项目名称	检验标准	抽检数量	权重（%）	评分

二、《世界技能标准规范》分析比对

对照《世界技能标准规范》，检查记录与图纸原始数据之间的误差，并分析原因，填写表 2-5-2。

表 2-5-2 《世界技能标准规范》分析比对

序号	检查项目	《世界技能标准规范》数值	本工程数值	原因分析	改进措施
1					
2					
3					
4					
5					
6					
7					
8					

评价与分析

根据每个小组成员在本活动学习过程中的表现情况填写学习任务过程性考核评价表（见附录）。

学习活动 6
地面镶贴工作总结评价

学习目标

1. 能按分组情况，派代表展示工作成果，说明本次任务的完成情况，并做分析总结。

2. 能正确核算成本，在保证质量的情况下选取合理的组砌方式。

3. 能结合任务完成情况，正确规范地撰写工作总结（心得体会）。

4. 能对学习与工作进行反思总结，并能与他人开展良好合作，进行有效沟通。

建议学时

4 学时。

学习过程

一、小组评价

以小组为单位，选择演示文稿、展板、海报、视频等形式中的一种或几种，向全班展示地面镶贴作业成果。在展示过程中，以小组为单位进行评价；评价完成后，根据其他小组对本组展示成果的评价意见进行归纳总结。

____

____

____

二、教师评价

认真听取教师对本小组展示成果优缺点以及在完成工作过程中出现的亮点和不足的评价意见，并做好记录。

1. 教师对本小组展示成果优点的点评。

2. 教师对本小组展示成果缺点以及改进方法的点评。

3. 教师对本小组在整个任务完成过程中出现的亮点和不足的点评。

三、核算成本

填写表 2-6-1，完成地面镶贴的成本核算，并与其他小组进行比较，成本最低者可获得加分。

表 2-6-1　地面镶贴成本核算单

序号	材料名称	价格	购买途径
1			
2			
3			
4			
5			

四、地面镶贴工作过程回顾及总结

1. 总结完成地面镶贴施工任务过程中遇到的问题和困难，列举 2 ~ 3 点你认为比较值得与他人分享的工作经验。

2. 回顾本学习任务的工作过程，对新学专业知识和技能进行归纳和整理，写一篇不少于 800 字的工作总结。

工 作 总 结

 评价与分析

按照客观、公正和公平原则，在教师的指导下按自我评价、小组评价和教师评价三种方式对自己或他人在本学习任务中的表现进行综合评价。综合等级按 A（90 ~ 100 分）、B（75 ~ 89 分）、C（60 ~ 74 分）、D（0 ~ 59 分）四个级别进行填写，见表 2-6-2。

表 2-6-2　学习任务综合评价表

<table>
<tr><th rowspan="2">考核项目</th><th rowspan="2">评价内容</th><th rowspan="2">配分</th><th colspan="3">评价分数</th></tr>
<tr><th>自我评价</th><th>小组评价</th><th>教师评价</th></tr>
<tr><td rowspan="5">职业素养</td><td>劳动防护用品穿戴完备，仪容仪表符合工作要求</td><td>10</td><td></td><td></td><td></td></tr>
<tr><td>安全意识、责任意识、服从意识、团队合作意识强，善于与人交流和沟通</td><td>10</td><td></td><td></td><td></td></tr>
<tr><td>积极参加教学活动，按时完成各项学习任务</td><td>10</td><td></td><td></td><td></td></tr>
<tr><td>自觉遵守劳动纪律，尊敬师长，团结同学</td><td>10</td><td></td><td></td><td></td></tr>
<tr><td>爱护公物，节约材料，施工现场管理符合“7S”标准</td><td>10</td><td></td><td></td><td></td></tr>
<tr><td rowspan="3">专业能力</td><td>专业知识扎实，有较强的自学能力</td><td>10</td><td></td><td></td><td></td></tr>
<tr><td>镶贴操作积极，训练刻苦，具有一定的动手能力</td><td>10</td><td></td><td></td><td></td></tr>
<tr><td>镶贴操作规范，认真选取原料，注重工艺安全，工作效率高</td><td>10</td><td></td><td></td><td></td></tr>
<tr><td rowspan="2">工作成果</td><td>镶贴流程符合工艺规范，成品满足施工要求</td><td>10</td><td></td><td></td><td></td></tr>
<tr><td>工作总结符合要求，镶贴质量高</td><td>10</td><td></td><td></td><td></td></tr>
<tr><td colspan="2">总分</td><td>100</td><td></td><td></td><td></td></tr>
<tr><td>总评</td><td>自我评价 ×20% + 小组评价 ×30% + 教师评价 ×50% =</td><td>综合等级</td><td></td><td colspan="2">教师签名：</td></tr>
</table>

学习任务三
柱体阴阳角镶贴

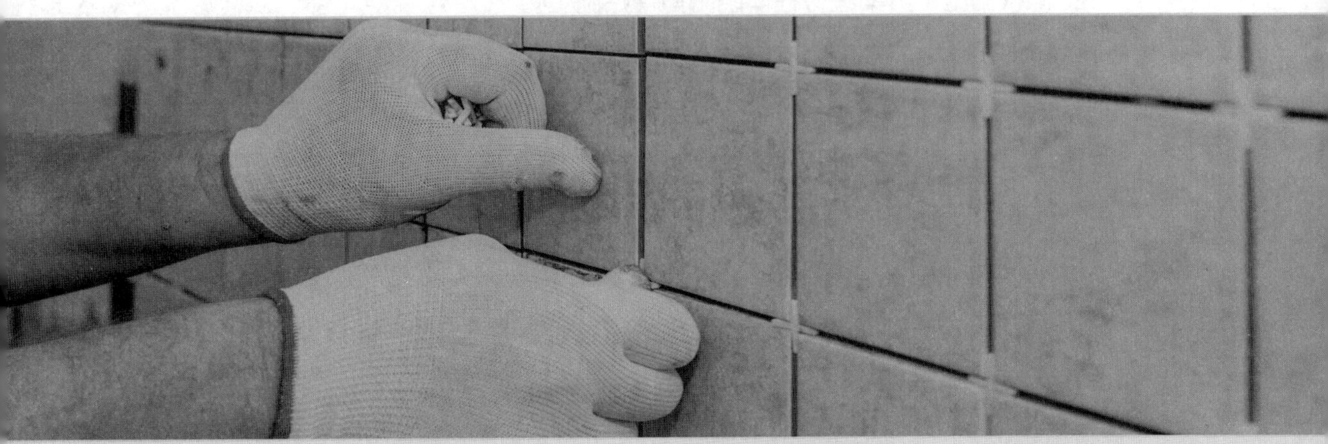

学习目标

1. 能根据工作情境描述，明确任务要求，填写柱体阴阳角镶贴施工工作单。

2. 能识读建筑工程施工图。

3. 能勘察在建柱体阴阳角施工现场，获取相关施工资料。

4. 能认知柱体阴阳角镶贴，了解常见镶贴材料性能，认识常见镶贴工量具。

5. 能分析柱体阴阳角处理方式，口述镶贴工艺、质量控制及操作要点。

6. 能与小组内成员进行有效沟通，共同制定柱体阴阳角镶贴施工方案。

7. 能根据项目经理意见，对柱体阴阳角镶贴施工方案进行修订，制定施工现场工作看板。

8. 能根据施工方案进行柱体阴阳角镶贴施工。

9. 能对照《世界技能标准规范》，检查记录与图纸原始数据之间的误差，并分析原因，提出整改措施。

10. 能正确填写柱体阴阳角镶贴验收报告，并完成交付验收工作。

11. 能正确核算成本，在保证施工质量的前提下选取合理的采购方式。

12. 能按施工现场管理“7S”标准清除现场垃圾并整理现场。

13. 能客观准确地自评、互评。

建议学时

26 学时。

工作流程与活动

1. 获取柱体阴阳角镶贴施工信息（4 学时）

2. 编制柱体阴阳角镶贴施工方案（4 学时）

3. 审定柱体阴阳角镶贴施工方案（2 学时）

4. 实施柱体阴阳角镶贴施工方案（8 学时）

5. 柱体阴阳角镶贴过程控制（4 学时）

6. 柱体阴阳角镶贴工作总结评价（4 学时）

工作情境描述

某小区别墅装修施工，需要对房屋柱体阴阳角进行镶贴施工。

镶贴工从工程项目部领取柱体阴阳角镶贴施工图和任务书，通过阅读任务书，查看施工现场，了解柱体阴阳角施工条件，明确任务要求；查阅镶贴工艺文件，根据施工图纸确定镶贴形式及精度要求，制定柱体阴阳角镶贴施工方案；领取所需材料，确定柱体阴阳角处理办法，准备所需切割机和其他设备，进行瓷砖下料、放样、切割，以及瓷砖胶搅拌、瓷砖组贴，并对柱体阴阳角进行自检和互检，镶贴精度超出 1 mm 时应修正；再实施抹填缝料、勾缝作业，完成柱体阴阳角镶贴后形成记录，向工程项目部反馈并存档；最后将所有技术文档上交项目经理。

学习活动 1
获取柱体阴阳角镶贴施工信息

学习目标

1. 能根据工作情境描述，明确任务要求，填写柱体阴阳角镶贴施工工作单。

2. 能识读并区分常见建筑工程施工图。

3. 能识别柱体阴阳角处理方式的种类，并能分析不同处理方式的施工要领。

4. 能识别柱体阴阳角镶贴形式，并根据柱体阴阳角处理方式描述其工程量的计算方法。

5. 能根据施工现场管理“7S”标准描述柱体阴阳角镶贴现场管理工作范畴。

建议学时

4 学时。

学习过程

一、填写工作单

1. 阅读工作情境描述，用荧光笔在任务书中画出关键词，并将关键词记录在下方横线处，用星号将需要进一步了解的词标注出来。

____

____

____

____

____

____

2. 查阅相关资料，根据实际情况填写表 3-1-1。

表 3-1-1 柱体阴阳角镶贴施工工作单

<table>
<tr><td>任务名称</td><td colspan="3"></td><td>接单日期</td><td></td></tr>
<tr><td>工作地点</td><td colspan="3"></td><td>任务周期</td><td></td></tr>
<tr><td>工作内容</td><td colspan="5"></td></tr>
<tr><td>提供工具、材料</td><td colspan="5"></td></tr>
<tr><td>施工项目</td><td colspan="5"></td></tr>
<tr><td>项目负责人姓名</td><td></td><td>联系电话</td><td></td><td>验收日期</td><td></td></tr>
<tr><td>团队负责人姓名</td><td></td><td>联系电话</td><td></td><td>团队名称</td><td></td></tr>
<tr><td>备注</td><td colspan="5"></td></tr>
</table>

3. 图 3-1-1 为建筑工程施工图的分类，查阅相关资料，将归属在“建筑施工图”和“结构施工图”下面的施工图名称填写在（1）和（2）处，并在表 3-1-2 中描述各种建筑工程施工图的识读方法或步骤。

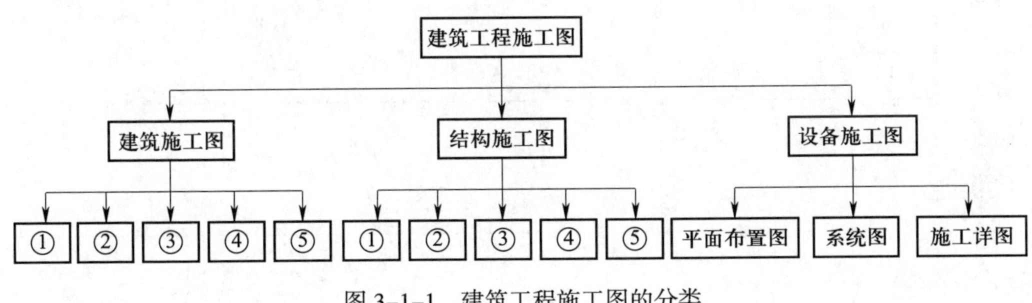

图 3-1-1 建筑工程施工图的分类

（1）建筑施工图

① ______________ ② ______________ ③ ______________

④ ______________ ⑤ ______________

（2）结构施工图

① ________________ ② ________________ ③ ________________

④ ________________ ⑤ ________________

表 3-1-2　各种建筑工程施工图的识读方法或步骤

分类	建筑工程施工图名称		识读方法或步骤
建筑施工图	①		
	②		
	③		
	④		
	⑤		
结构施工图	①		
	②		
	③		
	④		
	⑤		

二、认知柱体阴阳角镶贴

1. 作为一名建筑施工专业的学生，你在日常生活中见到过哪些类型的柱体阴阳角建（构）筑物？下面分别给出两种常见的柱体阴阳角建（构）筑物，在教师的带领下走进在建柱体阴阳角施工现场实地考察，从多个角度感受它们的不同。同时请查阅柱体阴阳角相关资料，在表 3-1-3 中描述两种柱体阴阳角的主要特点及应用范围。

表 3-1-3　两种柱体阴阳角的主要特点及应用范围

柱体阴阳角类型	主要特点及应用范围
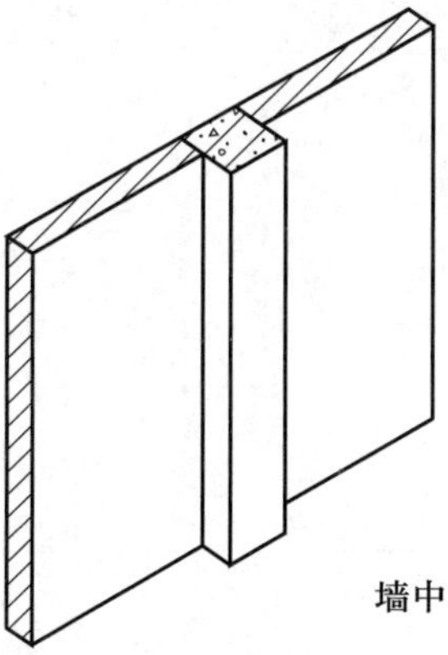 墙中柱	
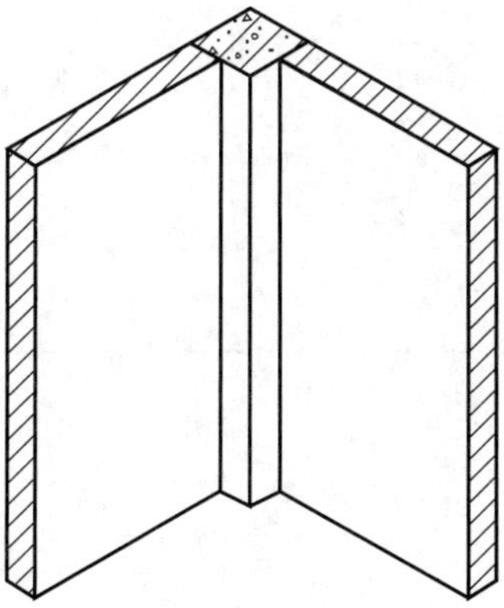 转角柱	

2. 柱体阴阳角处理方式见表 3-1-4。查阅相关资料，归纳、填写每一种处理方式的施工要领。

表 3-1-4　几种柱体阴阳角处理方式的施工要领

柱体阴阳角处理方式	施工要领
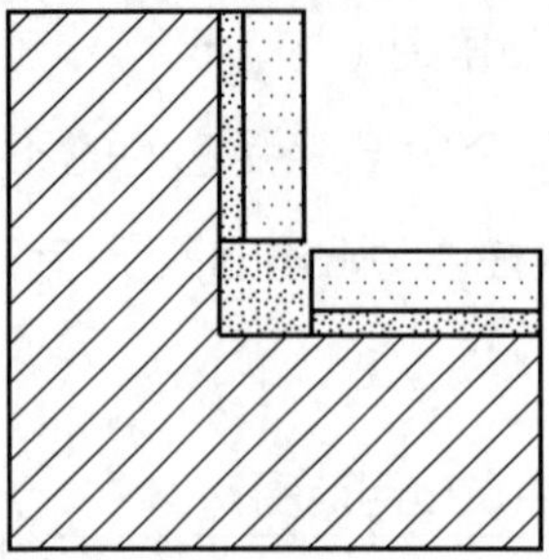 对角	
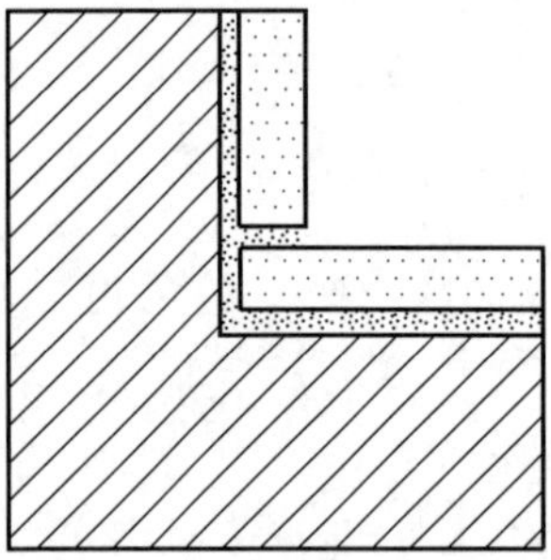 压面	
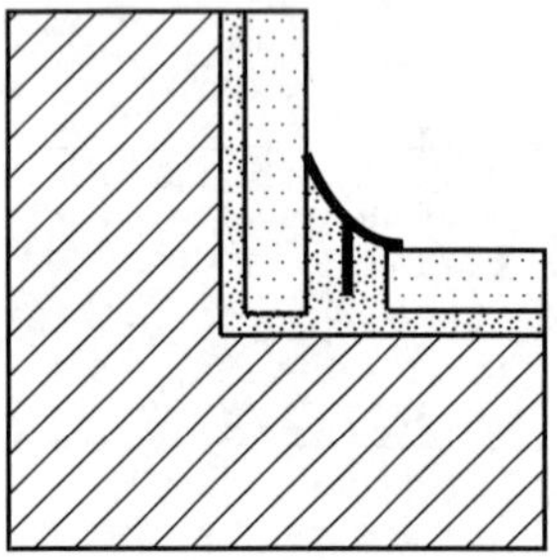 阴角条1	
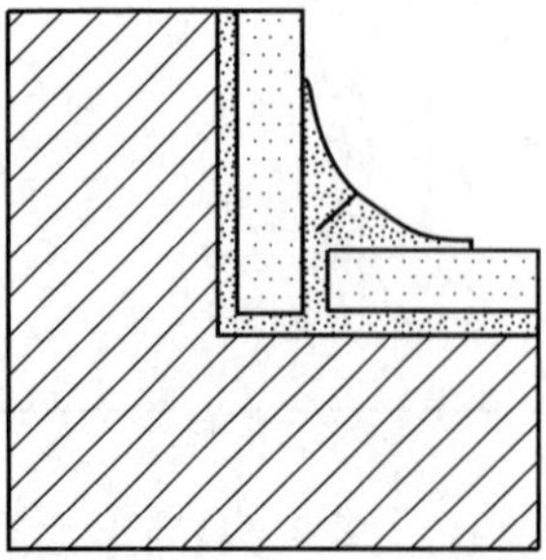 阴角条2	

续表

柱体阴阳角处理方式	施工要领
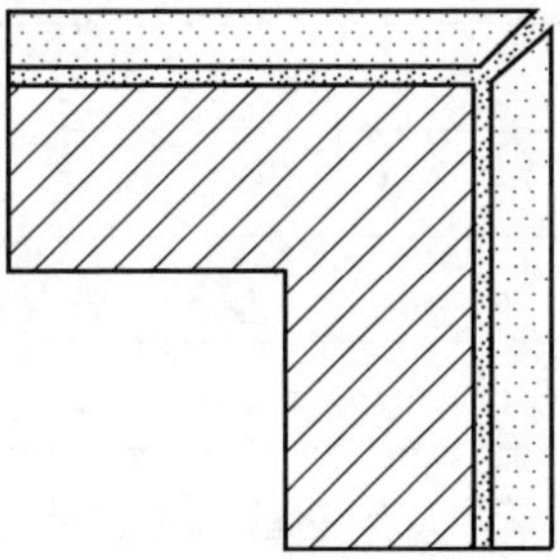 倒角（有缝）	
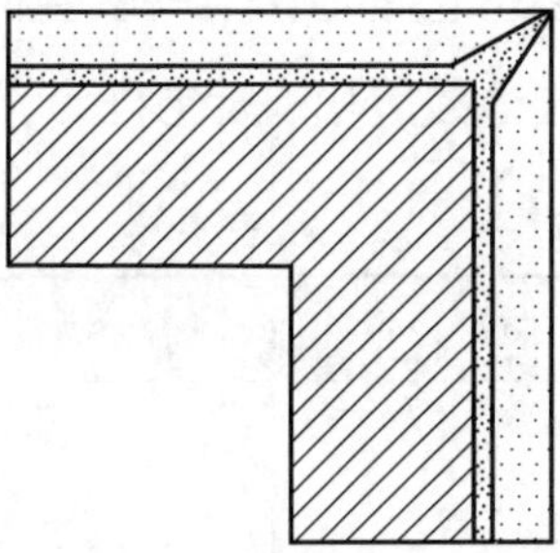 倒角（无缝）	
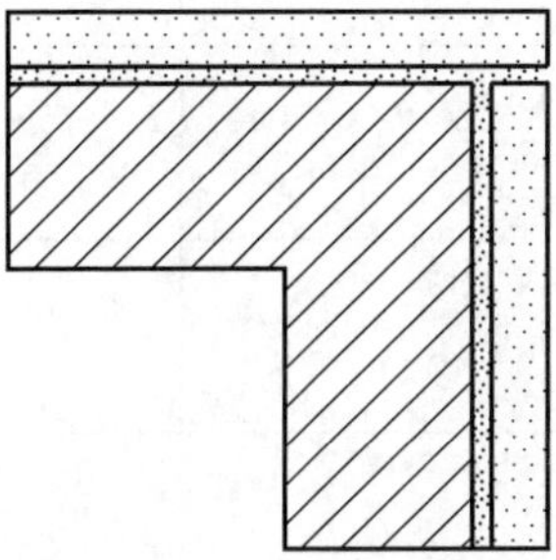 压边	
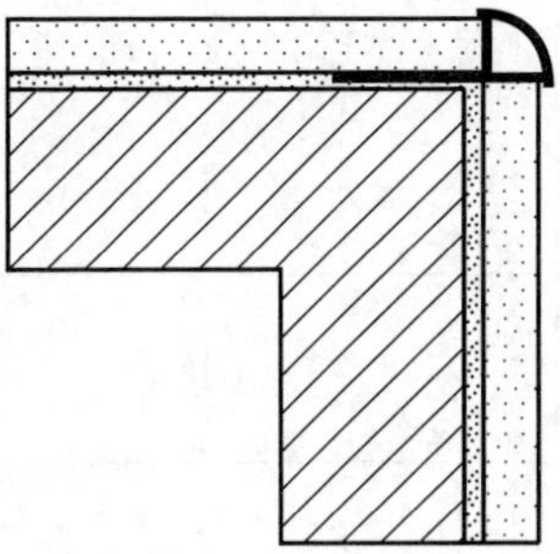 阳角条	

3. 根据柱体阴阳角的处理方式，说明其工程量的计算方法。

____

____

____

____

____

____

4. 在柱体阴阳角的质量检验中，主控项目的检验内容包括按图施工、瓷砖胶强度、尺寸、平整度、垂直度、横向灰缝水平度、竖向灰缝垂直度、方正、空鼓等，一般项目的检验内容包括选砖、缝隙均匀度、佩戴防护装备和场地整洁等。查阅相关资料，在表 3-1-5 中填写每个检验项目的质量标准、抽检数量和检验方法。

表 3-1-5　柱体阴阳角检验项目

项目名称		质量标准	抽检数量	检验方法
主控项目	按图施工			
	瓷砖胶强度			
	尺寸			
	平整度			
	垂直度			
	横向灰缝水平度			
	竖向灰缝垂直度			
	方正			
	空鼓			

续表

项目名称		质量标准	抽检数量	检验方法
一般项目	选砖			
	缝隙均匀度			
	佩戴防护装备			
	场地整洁			

5. 阅读柱体阴阳角镶贴的操作方法，写出薄贴法与传统的水泥砂浆粘贴法的区别。

____

____

____

____

____

____

6. 结合查找的薄贴法操作方法，分析实施该镶贴法的条件。

____

____

____

____

____

____

三、施工现场管理“7S”标准

1. “7S”管理是现代企业行之有效的现场管理理念和方法，它能提高工作效率，保证产品质量，使工作环境整洁有序，预防为主，保证安全。查阅相关资料，说明柱体阴阳角镶贴现场管理“7S”标准相应的工作范畴，并填写在表 3-1-6 中。

表 3-1-6　柱体阴阳角镶贴现场管理“7S”标准工作内容

内容	含义与目的	镶贴工作范畴
整理（SEIRI）	将工作场所的任何物品区分为有必要的物品和没有必要的物品，有必要的物品留下来，其他的都清除，腾出空间，塑造清爽的工作场所	
整顿（SEITON）	把留下来的必要物品依规定位置摆放整齐并加以标识，使工作场所一目了然，减少寻找物品的时间，营造整齐的工作环境，清除过多的积压物品	
清扫（SEISO）	将工作场所内看得见与看不见的地方清扫干净，保持工作场地干净、整洁；稳定品质，减少工业伤害	
清洁（SEIKETSU）	将整理、整顿、清扫进行到底，并制度化，经常保持外在环境的美观状态	
素养（SHITSUKE）	每一位成员养成良好的习惯，做事遵守规则，培养团队精神和积极主动的习惯	
安全（SECURITY）	重视安全教育，时刻牢记安全第一，防患于未然；建立安全的生产环境，所有的工作应在安全的前提下进行	
节约（SAVING）	合理利用时间、空间、能源等，使其发挥最大效能，创造高效、物尽其用的工作场所	

2. 根据所学的“7S”现场管理知识，以学习小组为单位，设计制作一份柱体阴阳角镶贴施工流程看板图。

评价与分析

根据每个小组成员在本活动学习过程中的表现情况填写学习任务过程性考核评价表（见附录）。

学习活动2
编制柱体阴阳角镶贴施工方案

学习目标

1. 能识别常见镶贴材料的种类和特性。
2. 能正确选取常用镶贴工具、量具、脚手架及相关机械设备。
3. 能利用学习资料，与小组成员合作，制作柱体阴阳角镶贴技术交底记录。
4. 能合理分工，编制并展示柱体阴阳角镶贴施工方案。

建议学时

4 学时。

学习过程

一、识别镶贴材料

1. 镶贴材料通常是指在指定区域进行建（构）筑物表面镶贴并起到保护和装饰作用的材料，包括瓷砖、瓷砖胶和填缝料、美缝剂等。查阅相关资料，通过小组讨论，在表 3-2-1 中填写常见镶贴材料的性能特点。

表 3-2-1　常见镶贴材料性能一览表

材料名称	性能特点
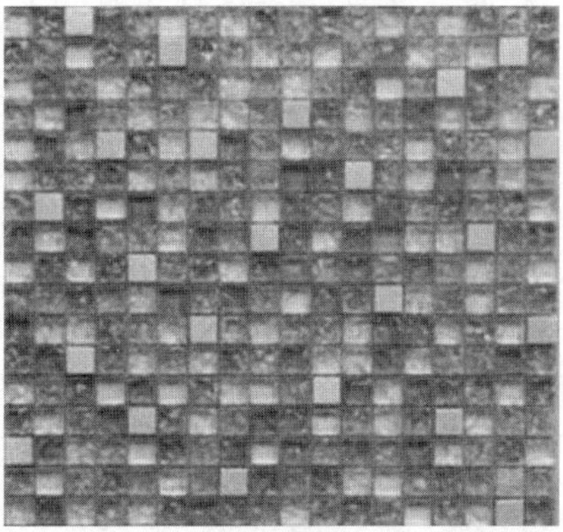 马赛克	
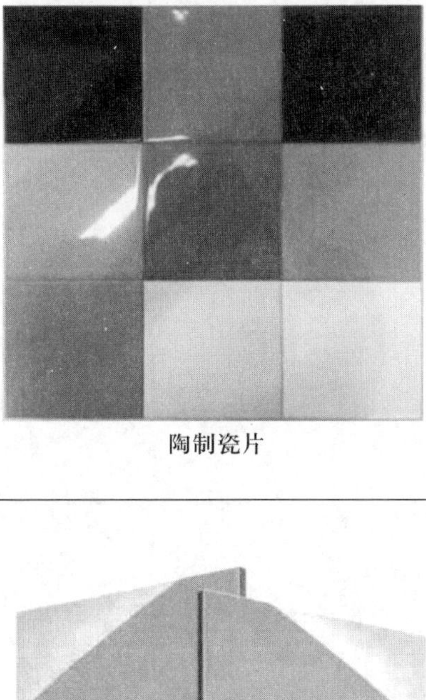 陶制瓷片	
 抛光砖	

续表

材料名称	性能特点
 通体大理石砖	
 全抛釉砖	
仿古砖	

续表

材料名称	性能特点
 微晶石砖	
 阴角条	
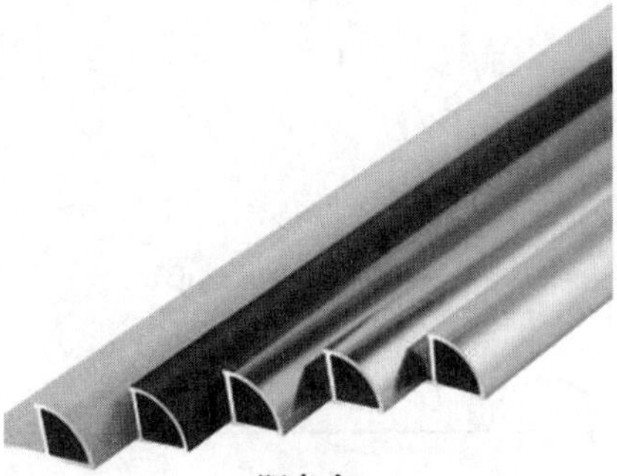 阳角条	

续表

材料名称	性能特点
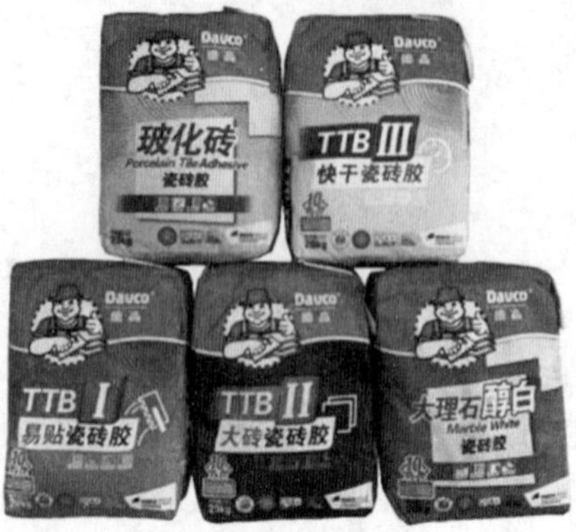 瓷砖胶	
 填缝料	
 美缝剂	

2. 瓷砖胶是建筑装饰装修施工中重要的镶贴材料，查阅瓷砖胶的相关资料，各小组讨论、分析瓷砖胶搅拌使用要求及质量要求。

（1）搅拌使用要求

（2）质量要求

二、识别镶贴工量具

镶贴工量具分为操作工具、测量工具和机械设备，查阅相关资料，在表 3-2-2 中填写常见镶贴工量具、设备的名称和作用。

表 3-2-2　常见镶贴工量具及设备一览表

类别	图片	名称	作用
操作工具			

续表

类别	图片	名称	作用
操作工具			

续表

类别	图片	名称	作用
操作工具	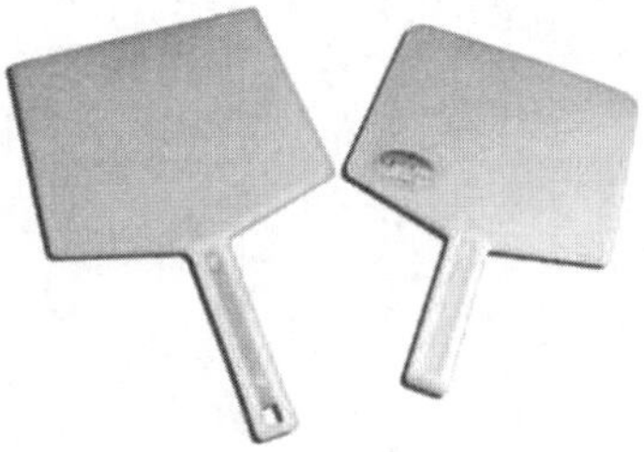		
	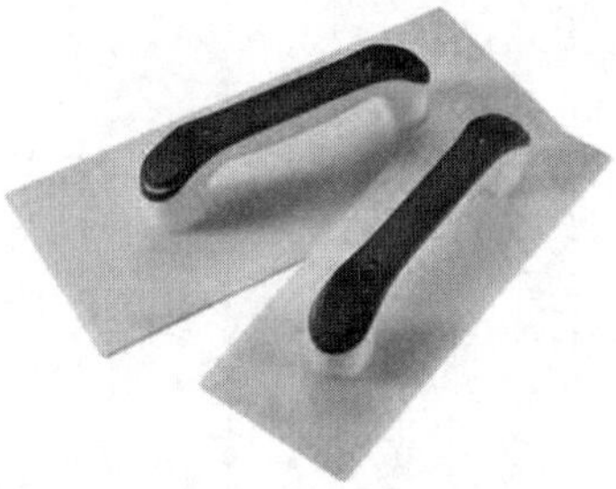		

续表

类别	图片	名称	作用
操作工具			

续表

类别	图片	名称	作用
测量工具	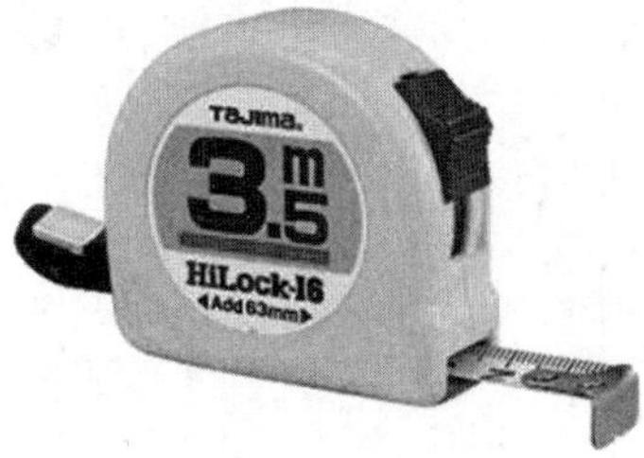		
	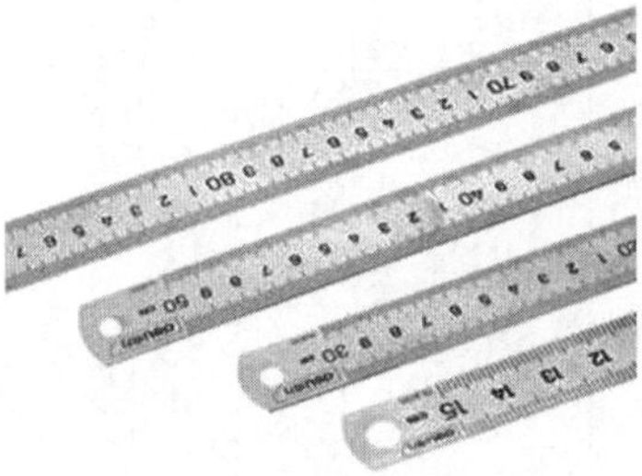		
	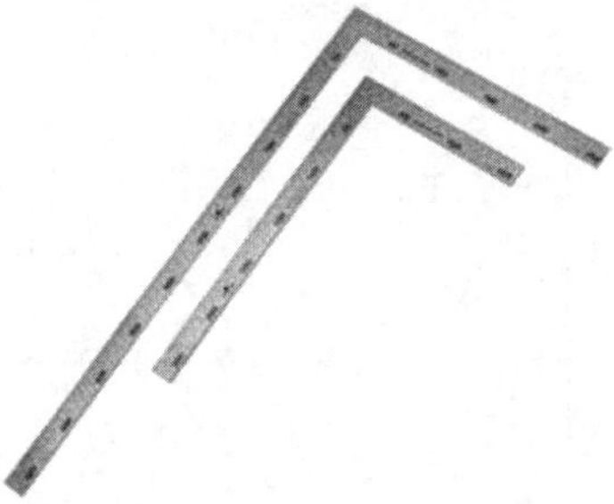		
	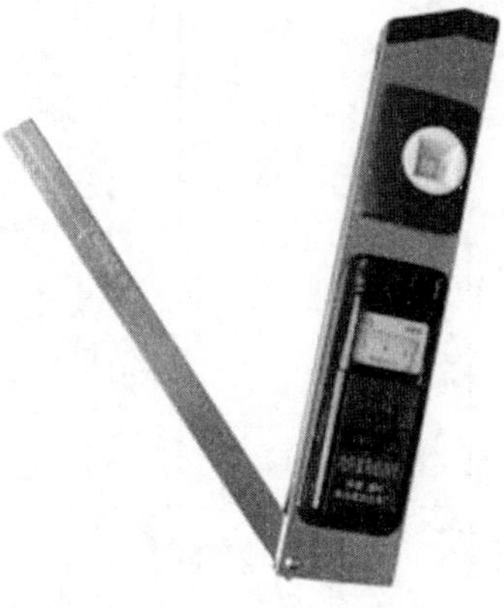		

续表

类别	图片	名称	作用
测量工具	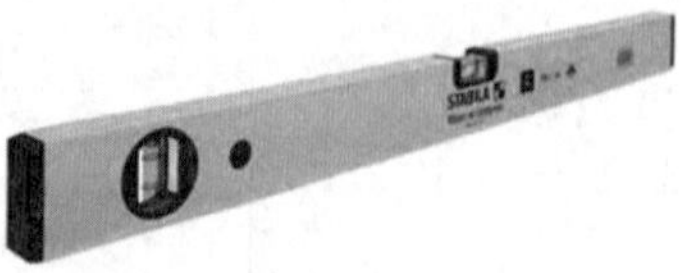 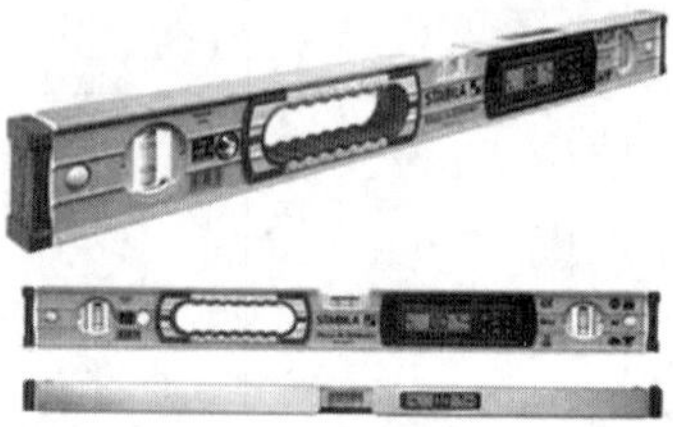		

机械设备	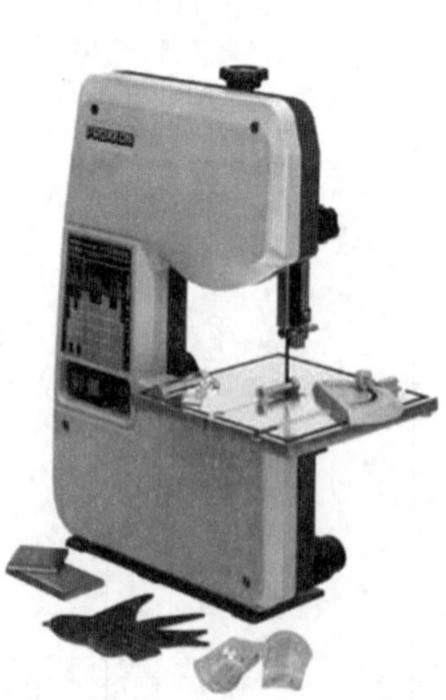		

续表

类别	图片	名称	作用
机械设备	 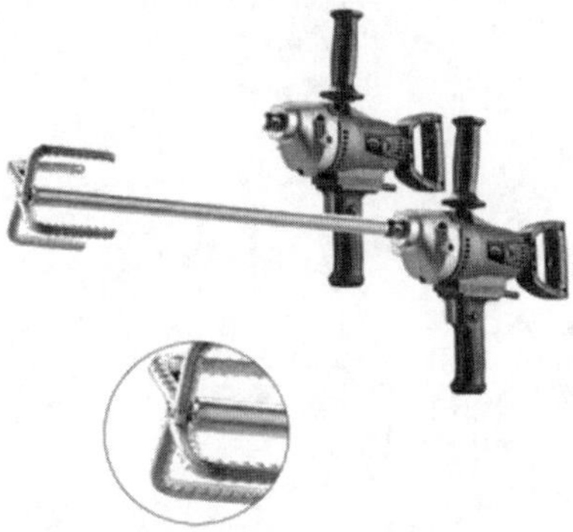		

三、制作柱体阴阳角镶贴技术交底记录

查阅相关资料，根据标准要求，与小组成员合作，制作一份柱体阴阳角镶贴技术交底记录（见表 3-2-3），交底内容包括材料要求、主要工量具、作业条件、操作工艺等。

表 3-2-3　柱体阴阳角镶贴技术交底记录

<table>
<tr><td colspan="2">技术交底记录</td><td>编号</td><td></td></tr>
<tr><td>工程名称</td><td></td><td>交底日期</td><td></td></tr>
<tr><td>施工单位</td><td></td><td>分项工程名称</td><td></td></tr>
<tr><td>交底摘要</td><td colspan="3"></td></tr>
<tr><td colspan="4">交底内容：</td></tr>
</table>

四、制定柱体阴阳角镶贴施工方案

制定柱体阴阳角镶贴施工方案，首先要明确完成柱体阴阳角镶贴施工任务的基本步骤，本任务的施工步骤如图 3-2-1 所示。

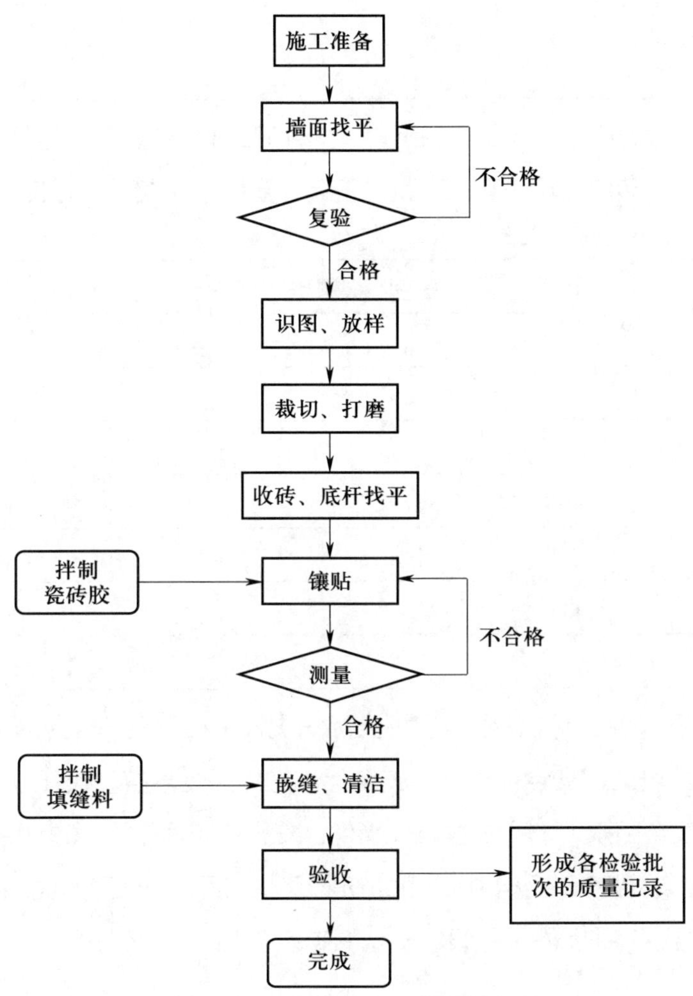

图 3-2-1　柱体阴阳角镶贴施工步骤

1. 根据本任务施工步骤，小组讨论柱体阴阳角镶贴需要准备的材料和工具，确认这些材料和工具是否在之前的学习任务中全部学习过。将未学习过的材料和工具列举出来，并简要说明它们的用途。

____

____

____

____

____

____

____

____

____

2. 在以上讨论中，对于需要使用的材料和工具，除要考虑选择类型外，还应考虑不同种类的瓷砖胶适用于哪些类型的瓷砖，查阅相关资料，写出相关结论。

____

____

____

____

____

____

____

____

____

3. 在施工中应特别注意根据现场实际情况设置必要的安全防护设施，一般包括安全隔离防护设施和安全标志等。安全标志的作用是悬挂在施工现场，提醒人们注意和重视不安全因素，防止发生意外事件。安全标志通常是通过颜色区分其含义，查阅相关资料，说明表 3-2-4 中的各类安全标志在颜色和外形方面的特征。各学习小组讨论本任务中应在哪些位置设置安全标志。

表 3-2-4　安全标志图例

标志	含义	颜色和外形特征	图例
禁止标志	表示不准或禁止人们的某些行为		禁止合闸　禁止跨越
警告标志	警告人们可能发生的危险，如注意安全、当心触电、当心落物		注意安全　当心伤手

续表

标志	含义	颜色和外形特征	图例
指令标志	必须遵守的命令，如必须戴安全帽、必须穿防护鞋		必须戴安全帽 必须系安全带
提示标志	示意目标的方向		紧急出口 避险处
辅助标志	对以上四种的补充说明		禁止合闸 线路有人工作

4. 制定本任务的镶贴施工方案

根据小组成员的不同特点进行合理分工，通过讨论，制定本小组柱体阴阳角镶贴施工方案，展示最佳工作方案，填入表 3-2-5 中。

表 3-2-5　柱体阴阳角镶贴施工方案

任务名称			工作任务起止日期		制定方案日期	
序号	施工步骤	工作内容	所需资料、材料及工具		负责人	参与人员
1	识图下料					
2	放样					
3	切割、打磨					
4	拌制瓷砖胶					
5	收砖					
6	底杆找平					

续表

序号	施工步骤	工作内容	所需资料、材料及工具	负责人	参与人员
7	镶贴				
8	嵌缝				
9	清洁				
10	检验				

教师审核意见：

教师（签名）：　　　　决策人（签名）：

年　月　日

评价与分析

根据每个小组成员在本活动学习过程中的表现情况填写学习任务过程性考核评价表（见附录）。

学习活动 3
审定柱体阴阳角镶贴施工方案

学习目标

1. 能以小组为单位讨论已制定的施工方案并作出决策。
2. 能根据审定意见优化柱体阴阳角镶贴施工方案。

建议学时

2 学时。

学习过程

一、第一次审定

教师对每份柱体阴阳角镶贴施工方案（见表 3-2-5）的内容进行第一次审定，并将修改意见填写在方案中，由小组长组织每名学生认真阅读，按照教师的意见修改施工方案，填入表 3-3-1 中。

表 3-3-1 柱体阴阳角镶贴施工方案（一审）

任务名称		工作任务起止日期		制定方案日期	
序号	施工步骤	工作内容	所需资料、材料及工具	负责人	参与人员
1	识图下料				
2	放样				
3	切割、打磨				

续表

序号	施工步骤	工作内容	所需资料、材料及工具	负责人	参与人员
4	拌制瓷砖胶				
5	收砖				
6	底杆找平				
7	镶贴				
8	嵌缝				
9	清洁				
10	检验				

教师审核意见：

教师（签名）： 决策人（签名）：

年 月 日

二、第二次审定

教师再次对小组提交的修改方案（见表 3-3-1）内容进行审定，若修改方案可行，即确定为可实施方案；若仍然存在问题，教师将修改意见填写在方案中，由小组长组织每名学生认真阅读，按照教师的第二次审定意见修改施工方案，填入表 3-3-2 中。

表 3-3-2 柱体阴阳角镶贴施工方案（二审）

任务名称		工作任务起止日期		制定方案日期	
序号	施工步骤	工作内容	所需资料、材料及工具	负责人	参与人员
1	识图下料				
2	放样				
3	切割、打磨				
4	拌制瓷砖胶				

续表

序号	施工步骤	工作内容	所需资料、材料及工具	负责人	参与人员
5	收砖				
6	底杆找平				
7	镶贴				
8	嵌缝				
9	清洁				
10	检验				

教师审核意见：

教师（签名）：　　　　　　　　决策人（签名）：

年　月　日

三、第三次审定

教师对小组提交的第二次修改方案（见表 3-3-2）的内容进行审定，确定为可实施方案，填入表 3-3-3 中。

表 3-3-3　柱体阴阳角镶贴施工方案（定稿）

任务名称		工作任务起止日期		制定方案日期	
序号	施工步骤	工作内容	所需资料、材料及工具	负责人	参与人员
1	识图下料				
2	放样				
3	切割、打磨				
4	拌制瓷砖胶				
5	收砖				
6	底杆找平				

续表

序号	施工步骤	工作内容	所需资料、材料及工具	负责人	参与人员
7	镶贴				
8	嵌缝				
9	清洁				
10	检验				

教师审核意见：

教师（签名）：　　　　　　　　决策人（签名）：

年　月　日

评价与分析

根据每个小组成员在本活动学习过程中的表现情况填写学习任务过程性考核评价表（见附录）。

学习活动 4
实施柱体阴阳角镶贴施工方案

学习目标

1. 能按照作业规范设置必要的安全隔离防护设施和安全标志，准备现场工作环境。

2. 能根据施工图要求，正确填写材料和工具清单，并能按仓库管理要求以学习小组为单位领料。

3. 能正确使用镶贴工具，按照工艺要求进行柱体阴阳角镶贴施工。

4. 能按照相关标准和施工现场管理“7S”标准，在作业完毕后清点并整理工具、收集剩余材料、归置物品、清理工程垃圾、拆除防护设施。

5. 能正确填写施工作业验收相关表格，与项目技术负责人有效沟通并交付验收。

建议学时

8 学时。

学习过程

一、施工前准备

1. 设置必要的安全隔离防护设施和安全标志，清理影响施工的杂物，准备现场工作环境，并将安全隔离防护设施和安全标志放置情况记录在表 3-4-1 中。

表 3-4-1　安全隔离防护设施和安全标志放置情况

安全隔离防护设施和安全标志	位置	目的

2. 除做好现场准备工作外，施工人员自身应做好哪些防护准备？以小组为单位进行讨论，并做好记录。

二、填写柱体阴阳角镶贴施工所需材料和工具清单并领用

在施工前，回顾柱体阴阳角镶贴施工步骤与施工方案，填写表 3-4-2 所示的材料和工具清单，以小组为单位，按仓库管理要求领取所需材料和工具。

表 3-4-2　材料和工具领用清单一览表

序号	材料和工具名称	单位	数量	备注
1				
2				
3				
4				
5				
6				
7				
8				
9				
10				
11				
12				
13				
14				
15				

三、实施柱体阴阳角镶贴作业

1. 施工准备

在进行柱体阴阳角镶贴施工前，需要对施工图进行会审，编制施工方案或作业指导书，进行技术、质量、安全、环境交底，同时还要在材料、施工机具、作业条件等方面做好相应的准备工作。

（1）柱体阴阳角镶贴所用到的瓷砖、瓷砖胶、填缝料等材料需要具有哪些证书和报告？对于瓷砖的选择，在尺寸、品种、强度等级等方面要注意哪些事项？

（2）进行柱体阴阳角镶贴施工前，在配置镶贴机具时，要注意哪些事项？

（3）进行柱体阴阳角镶贴施工前，在对基础墙面进行验收时要注意哪些事项？通过测量，指出基面的尺寸、平整度、垂直度以及方正等方面存在的问题，并做好记录。

2. 镶贴施工

（1）墙面找平

根据施工准备中对基础墙面进行验收的注意事项，识别墙面的问题所在，洒水湿润墙面，制作灰饼，调控垂直度和方正，抹灰，刮杆找平。查阅相关资料并回答：如果基础墙面精度相差很大，应如何找平？

（2）识图放样

查阅柱体阴阳角镶贴施工图，明确镶贴尺寸、阴阳角处理方式等要求。通过查阅施工图上的尺寸推算出瓷砖放样的尺寸，用油性记号笔在瓷砖上画出 1∶1 图案。对于图案复杂的图纸，如何进行有逻辑的瓷砖放样，提高效率？查阅相关资料，描述何为 1∶1 放样。

（3）瓷砖裁切

根据先前在瓷砖上画出的线，以直尺为基准用玻璃刀快速划过，圆弧用带玻璃刀头的圆规划，然后再用带锯切割。通过多次用玻璃刀划瓷砖的练习，感受手的用力大小，做到玻璃刀划过后瓷砖不崩瓷，也不影响切割。查阅相关资料，写出瓷砖倒角的操作要点。

（4）打磨

瓷砖的切割面用砂纸或者砂带机进行打磨，确保光滑美观。查阅相关资料并回答：如何选择合适的砂纸进行打磨不易让瓷砖崩瓷？

（5）收砖

对已经切割打磨完成的瓷砖，根据图纸上的排列顺序，一皮一皮按序整理收纳。收砖的顺序是否就是图纸上瓷砖的排列顺序？为何？

（6）底杆找平

将铝合金杆平放至地面上，紧贴墙面放上水平尺，将低的一边（使用斜木塞或废瓷砖）垫至水平，在进行多次矫正后对底杆进行固定。查阅相关资料并回答：底杆不水平对后续的镶贴有什么影响？

（7）拌制瓷砖胶

采用飞机钻电动搅拌，以 20 kg（1 包）瓷砖胶加 5 L 水的比例，先加水后倒入胶粉剂，完全无生粉团后静置约 10 min，再略搅拌一下方可使用。注意控制瓷砖胶拌制量，避免浪费瓷砖胶。查阅相关资料并回答：瓷砖胶为何要在充分搅拌后静置 10 min？

（8）镶贴

查阅相关资料，补齐表 3-4-3 中重要镶贴施工步骤的操作注意事项。

表 3-4-3　镶贴施工操作

序号	操作内容	操作示意图	操作注意事项
1	弹线定位		
2	墙面上灰		
3	锯齿抹子刮浆		

续表

序号	操作内容	操作示意图	操作注意事项
4	镶贴		
5	阴阳角镶贴		

（9）嵌缝

清洁砖面及缝隙，根据镶贴面大小将填缝料与水按比例调制成灰浆，用海绵镘刀填缝处理，勾缝并清洁砖面。根据施工过程情况回答：嵌缝过程中如何有效地控制时间，才不会影响填缝效果？

____

____

____

____

____

____

3. 检验

完成镶贴施工后，清理施工现场，做好成品保护，准备工程验收。

四、柱体阴阳角镶贴成品的验收

1. 完成镶贴施工后，按柱体阴阳角镶贴施工工作单交付验收人验收，并按表 3-4-4 所列的验收标准进行验收，填写验收意见。

表 3-4-4　柱体阴阳角镶贴施工验收标准

序号	验收项目	验收标准	客户意见	权重（%）	教师评分
1	按图施工	拼花、铺贴方向等			
2	瓷砖胶强度	试块标养			
3	尺寸	标准值 ±1 mm			
4	平整度	≤ 1 mm			
5	垂直度	≤ 1 mm			
6	横向灰缝水平度	≤ 1 mm			
7	竖向灰缝垂直度	≤ 1 mm			
8	方正	≤ 1 mm			
9	空鼓	≤ 1%			
10	选砖	是否有破碎、崩角、色差、尺寸误差等			
11	缝隙均匀度	均匀、规整一致			
12	佩戴防护装备	耳塞、口罩、护目镜和钢头鞋等			
13	场地整洁	随铺随清			

2. 记录验收过程中存在的问题，小组讨论解决问题的方法，并填入表 3-4-5。

表 3-4-5　验收过程问题记录表

序号	验收过程中存在的问题	改进和完善措施	完成时间	备注
1				
2				
3				
4				
5				

3. 柱体阴阳角镶贴成品验收结束后，整理材料和工具，归还领用物品，并填写柱体阴阳角镶贴成品交付清单、材料和工具归还清单，见表 3-4-6 和表 3-4-7。

表 3-4-6　柱体阴阳角镶贴成品交付清单

<table>
<tr><td>任务名称</td><td colspan="3"></td><td>接单日期</td><td></td></tr>
<tr><td>工作地点</td><td colspan="3"></td><td>交付日期</td><td></td></tr>
<tr><td rowspan="2">三方评价结果
（百分制）</td><td>自我评价</td><td>小组评价</td><td>项目负责人评价</td><td rowspan="2">验收结论
（百分制）</td><td rowspan="2"></td></tr>
<tr><td></td><td></td><td></td></tr>
</table>

表 3-4-7　材料和工具归还清单

序号	材料和工具名称	型号和规格	数量	备注
1				
2				
3				
4				
5				
6				
7				
8				
项目负责人（签名）： 年　月　日		团队负责人（签名）： 年　月　日		

五、清理施工现场

施工完毕，若自检合格，应按相关标准和施工现场管理“7S”标准，清点、整理工具，收集剩余材料，归置物品，清理施工垃圾，拆除防护措施。

1. 查阅相关资料，回顾柱体阴阳角镶贴施工过程，简述本次任务中的哪些环节属于施工现场管理“7S”标准内容的范畴。

____

____

____

____

____

2. 本任务施工完毕后，拆除安全隔离防护设施的顺序是什么？

____

____

____

____

____

____

3. 本任务施工完毕后，应进行哪些清点和清理工作？

____

____

____

____

____

____

评价与分析

根据每个小组成员在本活动学习过程中的表现情况填写学习任务过程性考核评价表（见附录）。

学习活动 5
柱体阴阳角镶贴过程控制

学习目标

1. 能按照镶贴作业质量要求，对柱体阴阳角镶贴成品进行过程检验。

2. 能对照《世界技能标准规范》，检查记录与图纸原始数据之间的误差，并分析原因。

建议学时

4 学时。

学习过程

一、柱体阴阳角镶贴施工过程抽检

查阅相关资料，依据国家标准《建筑装饰装修工程质量验收标准》(GB 50210—2018)，以小组为单位，对已实施的柱体阴阳角镶贴成品进行过程质量检验，并将检验情况记录在表 3-5-1 中。

表 3-5-1　柱体阴阳角镶贴成品过程检验情况一览表

项目名称		检验标准	抽检数量	权重（%）	评分
主控项目	按图施工	拼花、铺贴方向等			
	瓷砖胶强度	试块标养			
	尺寸	标准值 ±1 mm			
	平整度	≤ 1 mm			

续表

项目名称		检验标准	抽检数量	权重（%）	评分
主控项目	垂直度	≤ 1 mm			
	横向灰缝水平度	≤ 1 mm			
	竖向灰缝垂直度	≤ 1 mm			
	方正	≤ 1 mm			
	空鼓	≤ 1%			
一般项目	选砖	是否有破碎、崩角、色差、尺寸误差等			
	缝隙均匀度	均匀、规整一致			
	佩戴防护装备	耳塞、口罩、护目镜和钢头鞋等			
	场地整洁	随铺随清			

二、检查误差并分析原因

对照《世界技能标准规范》，检查记录与图纸原始数据之间的误差，分析原因并形成记录，填入表 3-5-2。

表 3-5-2　误差分析记录表

序号	内容	误差	原因分析
1	尺寸		
2	平整度		
3	垂直度		
4	横向灰缝水平度		
5	竖向灰缝垂直度		
6	方正		
7	缝隙均匀度		

评价与分析

根据每个小组成员在本活动学习过程中的表现情况填写学习任务过程性考核评价表（见附录）。

学习活动 6
柱体阴阳角镶贴工作总结评价

学习目标

1. 能按分组情况，派代表展示工作成果，说明本次任务的完成情况，并做分析总结。

2. 能正确核算成本，在保证质量的情况下选取合理的柱体阴阳角处理方式。

3. 能结合任务完成情况，正确规范地撰写工作总结（心得体会）。

4. 能对学习与工作进行反思总结，并与他人开展良好合作，进行有效沟通。

建议学时

4 学时。

学习过程

一、小组评价

以小组为单位，选择演示文稿、展板、海报、视频等形式中的一种或几种，向全班展示柱体阴阳角镶贴作业成果。在展示过程中，以小组为单位进行评价；评价完成后，根据其他小组对本组展示成果的评价意见进行归纳总结。

____

____

____

____

二、教师评价

认真听取教师对本小组展示成果优缺点以及在完成工作过程中出现的亮点和不足的评价意见，并做好记录。

1. 教师对本小组展示成果优点的点评。

2. 教师对本小组展示成果缺点以及改进方法的点评。

3. 教师对本小组在整个任务完成过程中出现的亮点和不足的点评。

三、核算成本

填写表 3-6-1，完成柱体阴阳角镶贴的成本核算，并与其他小组进行比较，成本最低者可获得加分。

表 3-6-1 柱体阴阳角镶贴成本核算单

序号	材料名称	价格	购买途径或网址
1			
2			
3			
4			
5			

四、工作过程回顾及总结

1. 总结完成柱体阴阳角镶贴施工任务过程中遇到的问题和困难，列举 2 ~ 3 点你认为比较值得与他人分享的工作经验。

2. 回顾本学习任务的工作过程，对新学专业知识和技能进行归纳和整理，写一篇不少于 800 字的工作总结。

工 作 总 结

评价与分析

按照客观、公正和公平原则，在教师的指导下按自我评价、小组评价和教师评价三种方式对自己或他人在本学习任务中的表现进行综合评价。综合等级按A（90 ~ 100分）、B（75 ~ 89分）、C（60 ~ 74分）、D（0 ~ 59分）四个级别进行填写，见表3-6-2。

表3-6-2　学习任务综合评价表

考核项目	评价内容	配分	评价分数		
			自我评价	小组评价	教师评价
职业素养	劳动防护用品穿戴完备，仪容仪表符合工作要求	10			
	安全意识、责任意识、服从意识、团队合作意识强，善于与人交流和沟通	10			
	积极参加教学活动，按时完成各项学习任务	10			
	自觉遵守劳动纪律，尊敬师长，团结同学	10			
	爱护公物，节约材料，施工现场管理符合“7S”标准	10			
专业能力	专业知识扎实，有较强的自学能力	10			
	镶贴操作积极，训练刻苦，具有一定的动手能力	10			
	镶贴操作规范，认真选取原料，注重工艺安全，工作效率高	10			
工作成果	镶贴流程符合工艺规范，成品满足施工要求	10			
	工作总结符合要求，镶贴质量高	10			
总分		100			
总评	自我评价 ×20%+ 小组评价 ×30%+ 教师评价 ×50%=	综合等级		教师签名：	

学习任务四
窗台镶贴

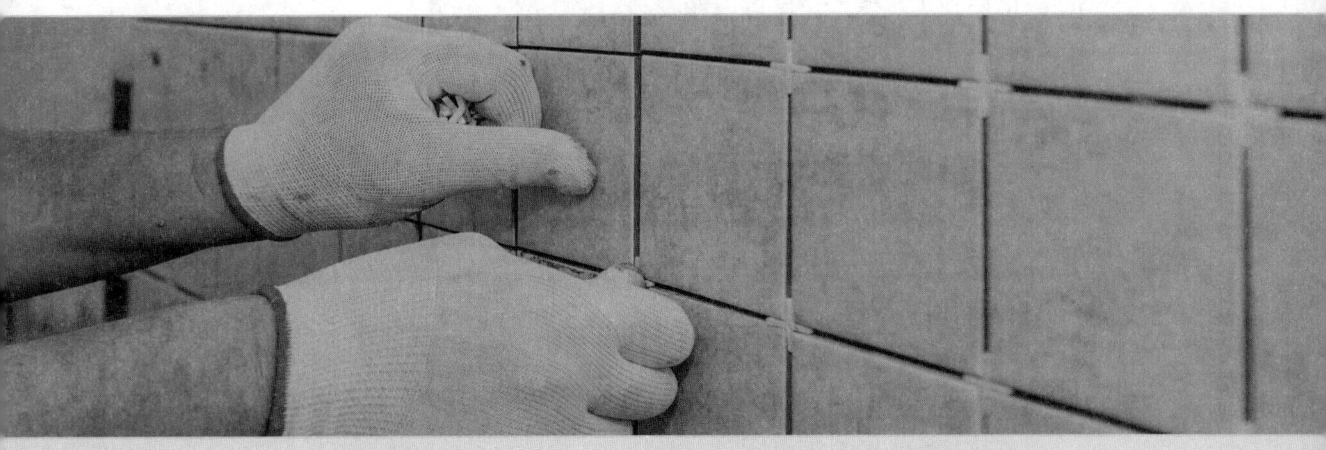

学习目标

1. 能根据工作情境描述，明确任务要求，填写窗台镶贴施工工作单。

2. 能识读建筑工程施工图。

3. 能勘察在建窗台施工现场，获取相关施工资料。

4. 能认知窗台镶贴，了解常见镶贴材料性能。

5. 能分析镶贴材料特性，口述镶贴工艺、质量控制及操作要点。

6. 能与小组内成员进行有效沟通，共同完成窗台镶贴施工方案。

7. 能根据项目经理意见，对窗台镶贴施工方案进行修订，制定施工现场工作看板。

8. 能根据施工方案进行窗台镶贴施工。

9. 能对照《世界技能标准规范》，检查记录与图纸原始数据之间的误差，并分析原因，提出整改措施。

10. 能正确填写窗台镶贴验收报告，并完成交付验收工作。

11. 能正确核算成本，在保证施工质量的前提下选取合理的采购方式。

12. 能按施工现场管理“7S”标准清除现场垃圾并整理现场。

13. 能客观准确地自评、互评。

建议学时

30 学时。

工作流程与活动

1. 获取窗台镶贴施工信息（3 学时）

2. 编制窗台镶贴施工方案（3 学时）

3. 审定窗台镶贴施工方案（3 学时）

4. 实施窗台镶贴施工方案（12 学时）

5. 窗台镶贴过程控制（6 学时）

6. 窗台镶贴工作总结评价（3 学时）

工作情境描述

某小区别墅装修施工过程中，需要对房屋窗台进行镶贴施工。

镶贴工从工程项目部领取窗台镶贴施工图和任务书，通过阅读任务书，查看施工现场，了解窗台施工条件，明确任务要求；查阅镶贴工艺文件，根据施工图纸确定镶贴形式及精度要求，制定窗台镶贴施工方案；领取所需材料，确定窗台处理办法，准备所需切割机和其他设备，进行瓷砖下料、放样、切割，以及瓷砖胶搅拌、瓷砖组贴，并对窗台进行自检和互检，镶贴精度超出 1 mm 时应修正；再实施抹填缝料、勾缝作业，完成窗台镶贴后形成记录，向工程项目部反馈并存档；最后将所有技术文档上交项目经理。

学习活动 1
获取窗台镶贴施工信息

学习目标

1. 能根据工作情境描述，明确任务要求，填写窗台镶贴施工工作单。
2. 能识读并区分常见建筑工程施工图。
3. 能识别窗台的不同类型，并分析各类型的特点。
4. 能识别窗台镶贴形式，并根据窗台镶贴方式描述其工程量的计算方法。
5. 能根据施工现场管理“7S”标准描述窗台镶贴现场管理工作范畴。

建议学时

3 学时。

学习过程

一、填写工作单

1. 阅读工作情境描述，用荧光笔在任务书中画出关键词，并将关键词记录在下方横线处，用星号将需要进一步了解的词标注出来。

____

____

____

____

____

2. 查阅相关资料，根据实际情况填写表 4-1-1 所列窗台镶贴施工工作单。

表 4-1-1　窗台镶贴施工工作单

<table>
<tr><td>任务名称</td><td colspan="3"></td><td>接单日期</td><td></td></tr>
<tr><td>工作地点</td><td colspan="3"></td><td>任务周期</td><td></td></tr>
<tr><td>工作内容</td><td colspan="5"></td></tr>
<tr><td>提供工具、材料</td><td colspan="5"></td></tr>
<tr><td>施工项目</td><td colspan="5"></td></tr>
<tr><td>项目负责人姓名</td><td></td><td>联系电话</td><td></td><td>验收日期</td><td></td></tr>
<tr><td>团队负责人姓名</td><td></td><td>联系电话</td><td></td><td>团队名称</td><td></td></tr>
<tr><td>备注</td><td colspan="5"></td></tr>
</table>

3. 图 4-1-1 为建筑工程施工图的分类，查阅相关资料，将归属在“建筑施工图”和“结构施工图”下面的施工图名称填写在（1）、（2）处，并在表 4-1-2 中描述各种建筑工程施工图的识读方法或步骤。

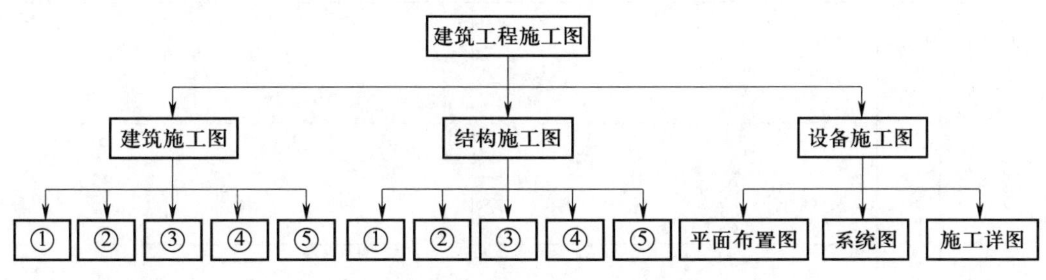

图 4-1-1　建筑工程施工图的分类

（1）建筑施工图

① ____________ ② ____________ ③ ____________

④ ____________ ⑤ ____________

（2）结构施工图

① ____________ ② ____________ ③ ____________

④ ____________ ⑤ ____________

表 4-1-2 各种建筑工程施工图的识读方法或步骤

分类	建筑工程施工图名称		识读方法或步骤
建筑施工图	①		
	②		
	③		
	④		
	⑤		
结构施工图	①		
	②		
	③		
	④		
	⑤		

二、认知窗台镶贴

1. 作为一名建筑施工专业的学生，你在日常生活中见到哪些类型的窗台镶贴装饰面？下面分别给出两种常见的窗台镶贴装饰面，在教师带领下走进窗台镶贴施工现场实地考察，从多个角度感受它们的不同。同时请查阅窗台镶贴相关资料，在表 4-1-3 中描述两种窗台镶贴装饰面的主要特点及应用范围。

表 4-1-3　两种窗台镶贴装饰面的主要特点及应用范围

窗台镶贴装饰面类型	主要特点及应用范围
瓷砖镶贴	
窗台板镶贴	

2. 在窗台镶贴的质量检验中，主控项目的检验内容包括按图施工、瓷砖胶强度、尺寸、平整度、垂直度、横向灰缝水平度、竖向灰缝垂直度、方正、空鼓等，一般项目的检验内容包括选砖、缝隙均匀度、佩戴防护装备以及场地整洁等。查阅相关资料，在表 4-1-4 中填写每个检验项目的质量标准、抽检数量和检验方法。

表 4-1-4　窗台镶贴检验项目

项目名称		质量标准	抽检数量	检验方法
主控项目	按图施工			
	瓷砖胶强度			
	尺寸			

续表

项目名称		质量标准	抽检数量	检验方法
主控项目	平整度			
	垂直度			
	横向灰缝水平度			
	竖向灰缝垂直度			
	方正			
	空鼓			
一般项目	选砖			
	缝隙均匀度			
	佩戴防护装备			
	场地整洁			

3. 阅读窗台镶贴的操作方法，简述柱体阴阳角镶贴与窗台镶贴的异同。

____

____

____

____

4. 结合查找的薄贴法操作方法，分析实施该镶贴法的条件。

三、施工现场管理“7S”标准

1.“7S”管理是现代企业行之有效的现场管理理念和方法，它能提高工作效率，保证产品质量，使工作环境整洁有序，预防为主，保证安全。查阅相关资料，说明窗台镶贴现场管理“7S”标准相应的工作范畴，并填写在表 4-1-5 中。

表 4-1-5　窗台镶贴现场管理“7S”标准工作内容

内容	含义与目的	镶贴工作范畴
整理（SEIRI）	将工作场所的任何物品区分为有必要的物品和没有必要的物品，有必要的物品留下来，其他的都清除，腾出空间，塑造清爽的工作场所	
整顿（SEITON）	把留下来的必要物品依规定位置摆放整齐并加以标识，使工作场所一目了然，减少寻找物品的时间，营造整齐的工作环境，清除过多的积压物品	
清扫（SEISO）	将工作场所内看得见与看不见的地方清扫干净，保持工作场地干净、整洁；稳定品质，减少工业伤害	
清洁（SEIKETSU）	将整理、整顿、清扫进行到底，并制度化，经常保持外在环境的美观状态	
素养（SHITSUKE）	每一位成员养成良好的习惯，做事遵守规则，培养团队精神和积极主动的习惯	
安全（SECURITY）	重视安全教育，时刻牢记安全第一，防患于未然；建立安全的生产环境，所有的工作应在安全的前提下进行	
节约（SAVING）	合理利用时间、空间、能源等，使其发挥最大效能，创造高效、物尽其用的工作场所	

2. 根据所学的“7S”现场管理知识，以学习小组为单位，设计制作一份窗台镶贴施工流程看板图。

评价与分析

根据每个小组成员在本活动学习过程中的表现情况填写学习任务过程性考核评价表（见附录）。

学习活动 2
编制窗台镶贴施工方案

学习目标

1. 能识别常见窗台镶贴材料的种类和特性。
2. 能正确选取常用镶贴工量具、脚手架及相关机械设备等。
3. 能利用学习资料，与小组成员合作，制作窗台镶贴技术交底记录。
4. 能合理分工，编制并展示窗台镶贴施工方案。

建议学时

3 学时。

学习过程

一、识别镶贴材料

窗台镶贴材料通常包括各类瓷砖、瓷砖胶、填缝剂等，图 4-2-1、图 4-2-2 分别为常见的窗台镶贴材料、瓷砖胶、填缝剂等。

图 4-2-1　常见窗台镶贴材料

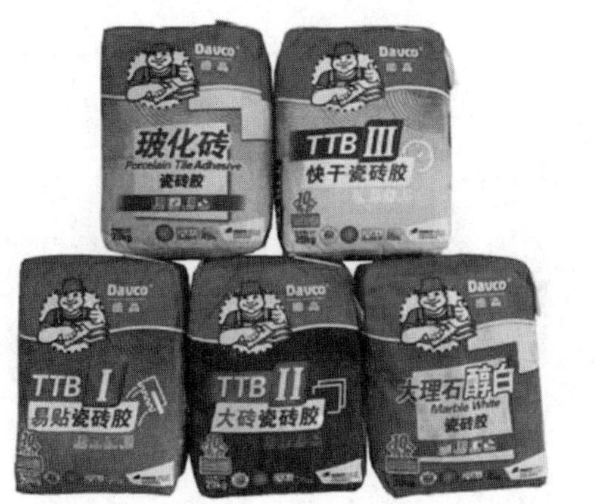

图 4-2-2　常见瓷砖胶、填缝剂材料

二、识别镶贴工量具

镶贴工量具分为操作工具、测量工具和机械设备，查阅相关资料，在表 4-2-1 中填写常见镶贴工量具、设备的名称和作用。

表 4-2-1　常见镶贴工量具及设备一览表

类别	图片	名称	作用
操作工具			

续表

类别	图片	名称	作用
操作工具			

续表

类别	图片	名称	作用
操作工具	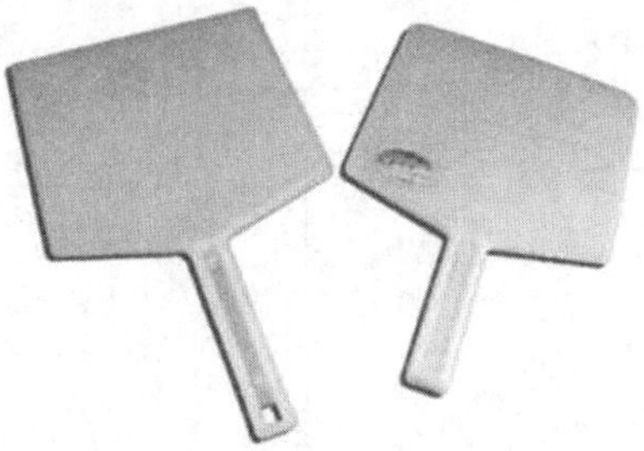 		
	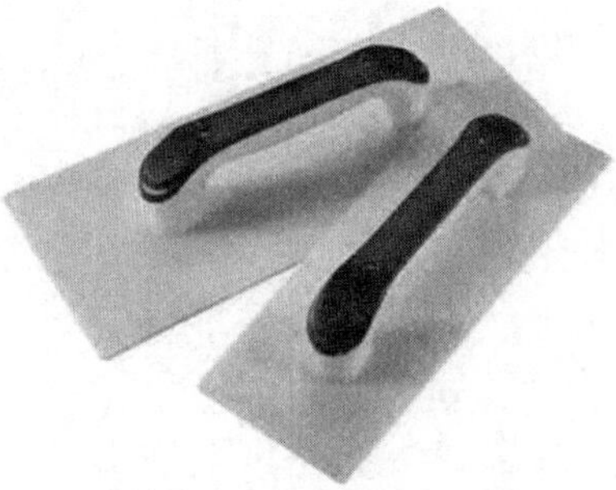		

续表

类别	图片	名称	作用
操作工具			
	Tile Spacers 1.5MM		

续表

类别	图片	名称	作用
测量工具			
	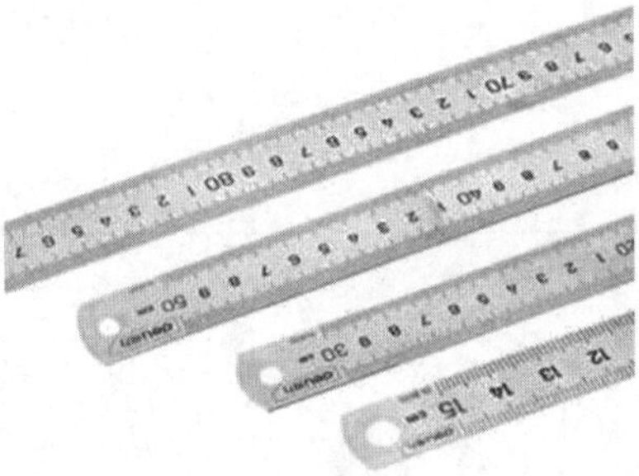		
	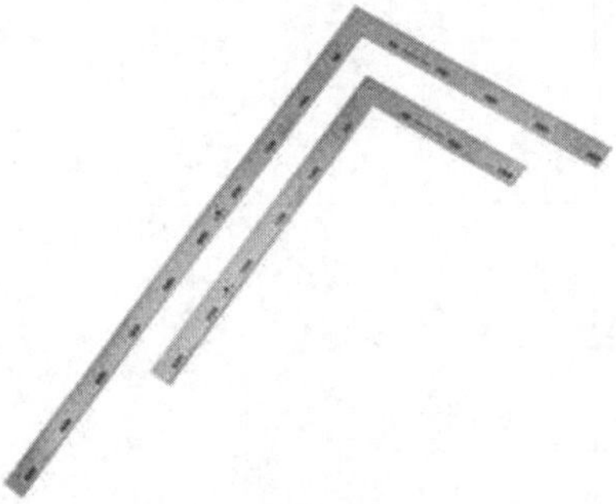		
	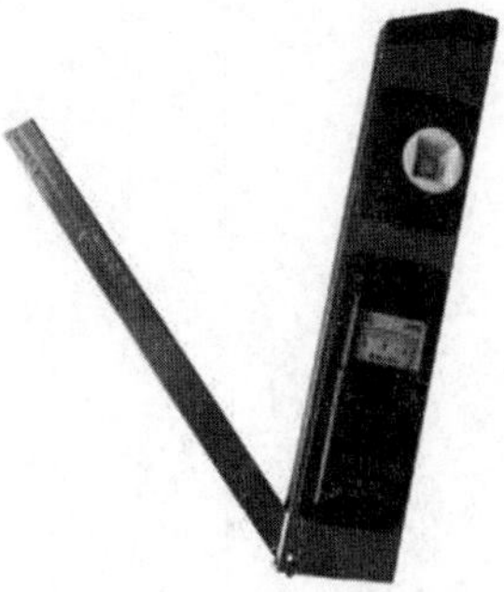		

续表

类别	图片	名称	作用
测量工具	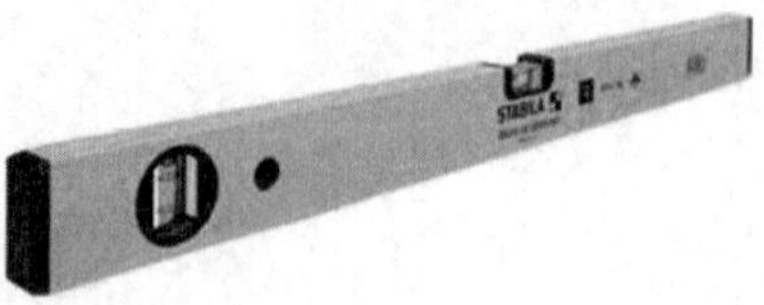		
	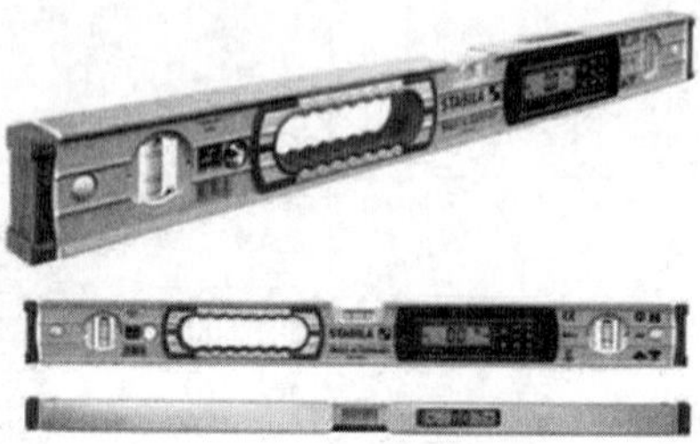		

机械设备	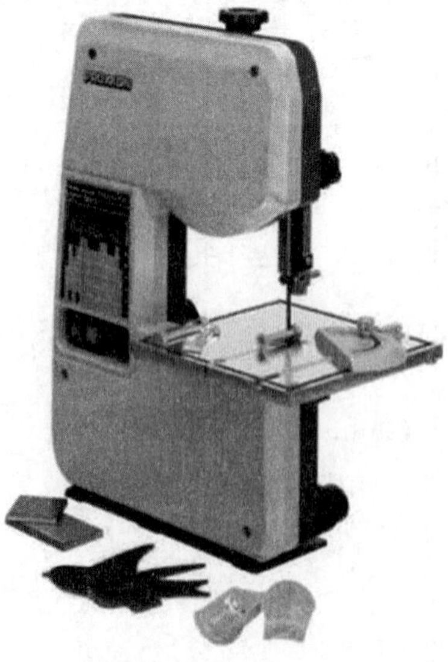		

续表

类别	图片	名称	作用
机械设备			

	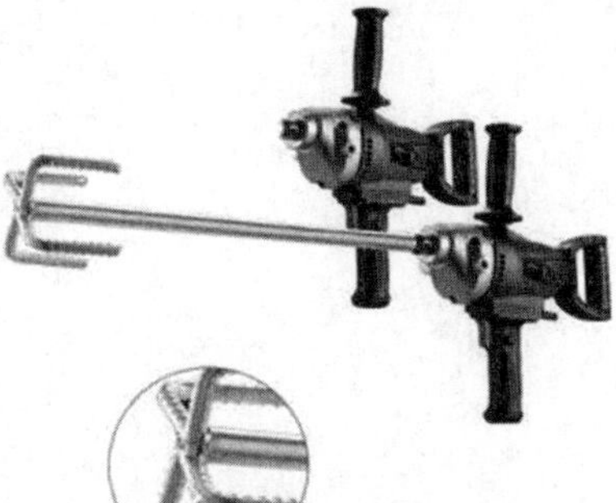		
	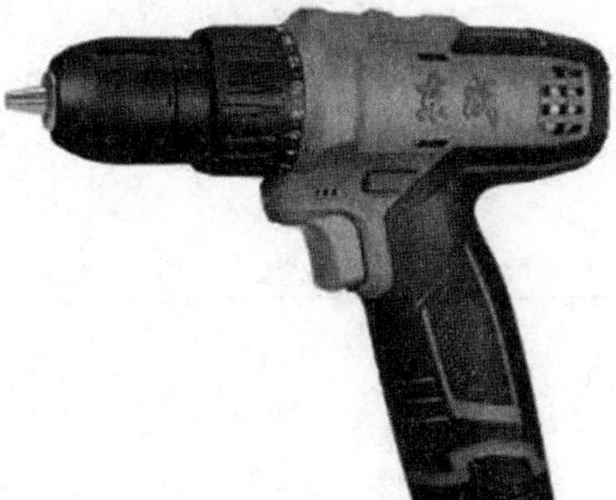		

三、制作窗台镶贴技术交底记录

查阅相关资料，根据窗台镶贴施工规范要求，与小组成员合作，制作一份窗台镶贴技术交底记录（见表 4-2-2），交底内容包括材料要求、主要工量具、作业条件、操作工艺等。

表 4-2-2　窗台镶贴技术交底记录

技术交底记录		编号	
工程名称		交底日期	
施工单位		分项工程名称	
交底摘要			
交底内容：			

四、制定窗台镶贴施工方案

制定窗台镶贴施工方案，首先要明确完成窗台镶贴施工任务的基本步骤，本任务的窗台镶贴施工步骤如图 4-2-3 所示。

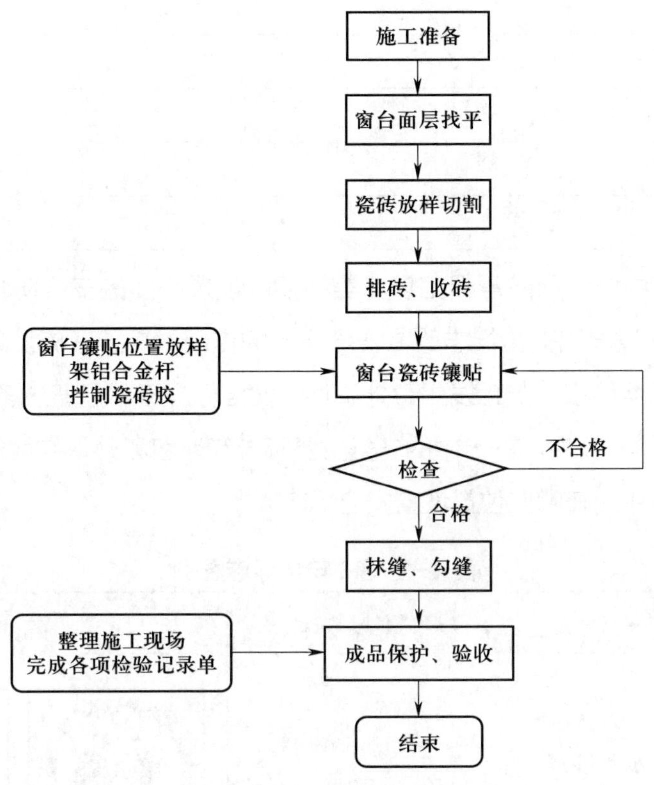

图 4-2-3　窗台镶贴施工步骤

1. 根据本任务施工步骤，小组讨论窗台镶贴需要准备的材料和工具，确定这些材料和工具是否在之前的学习任务中全部学习过。将未学习过的材料和工具列举出来，并简要说明它们的用途。

2. 在施工中应特别注意根据现场实际情况设置必要的安全防护设施，一般包括安全隔离防护设施和安全标志等。安全标志的作用是悬挂在施工现场，提醒人们注意和重视不安全因素，防止发生意外事件。安全标志通常是通过颜色区分其含义，查阅相关资料，说明表 4-2-3 中的各类安全标志在颜色和外形方面的特征。各学习小组讨论本任务中应在哪些位置设置安全标志。

表 4-2-3　安全标志图例

标志	含义	颜色和外形特征	图例
禁止标志	表示不准或禁止人们的某些行为		禁止合闸　禁止跨越
警告标志	警告人们可能发生的危险，如注意安全、当心触电、当心落物		注意安全　当心伤手
指令标志	必须遵守的命令，如必须戴安全帽、必须穿防护鞋		必须戴安全帽　必须系安全带

续表

标志	含义	颜色和外形特征	图例
提示标志	示意目标的方向		紧急出口 避险处
辅助标志	对以上四种的补充说明		禁止合闸 线路有人工作

3. 制定本任务的镶贴施工方案

根据小组成员的不同特点进行合理分工，通过讨论，制定本小组窗台镶贴施工方案，展示最佳工作方案，填入表 4-2-4 中。

表 4-2-4　窗台镶贴施工方案

任务名称		工作任务起止日期		制定方案日期	
序号	施工步骤	工作内容	所需资料、材料及工具	负责人	参与人员
1	下料				
2	基层找平				
3	放样				
4	切割				
5	拌制瓷砖胶				
6	窗台镶贴位置放样				
7	窗台镶贴				

续表

序号	施工步骤	工作内容	所需资料、材料及工具	负责人	参与人员
8	填缝剂抹缝、勾缝				
9	施工区域整顿				
10	检验				

教师审核意见：

教师（签名）：　　　　　　　　决策人（签名）：

年　月　日

 评价与分析

根据每个小组成员在本活动学习过程中的表现情况填写学习任务过程性考核评价表（见附录）。

学习活动 3
审定窗台镶贴施工方案

学习目标

1. 能以小组为单位讨论已制定的施工方案并作出决策。
2. 能根据审定意见优化窗台镶贴施工方案。

建议学时

3 学时。

学习过程

一、第一次审定

教师对每份窗台镶贴施工方案（见表 4-2-4）的内容进行第一次审定，并将修改意见填写在方案中，由小组长组织每名学生认真阅读，按照教师的意见修改施工方案，填入表 4-3-1 中。

表 4-3-1　窗台镶贴施工方案（一审）

<table>
<tr><td>任务名称</td><td colspan="2"></td><td>工作任务起止日期</td><td></td><td>制定方案日期</td><td></td></tr>
<tr><td>序号</td><td>施工步骤</td><td colspan="2">工作内容</td><td>所需资料、材料及工具</td><td>负责人</td><td>参与人员</td></tr>
<tr><td>1</td><td>下料</td><td colspan="2"></td><td></td><td></td><td></td></tr>
<tr><td>2</td><td>基层找平</td><td colspan="2"></td><td></td><td></td><td></td></tr>
<tr><td>3</td><td>放样</td><td colspan="2"></td><td></td><td></td><td></td></tr>
</table>

续表

序号	施工步骤	工作内容	所需资料、材料及工具	负责人	参与人员
4	切割				
5	拌制瓷砖胶				
6	窗台镶贴位置放样				
7	窗台镶贴				
8	填缝剂抹缝、勾缝				
9	施工区域整顿				
10	检验				

教师审核意见：

教师（签名）：　　决策人（签名）：

年　月　日

二、第二次审定

教师再次对小组提交的修改方案（见表 4-3-1）内容进行审定，若修改方案可行，即确定为可实施方案；若仍然存在问题，教师将修改意见填写在方案中，由小组长组织每名学生认真阅读，按照教师的第二次审定意见修改施工方案，填入表 4-3-2 中。

表 4-3-2　窗台镶贴施工方案（二审）

任务名称		工作任务起止日期		制定方案日期	
序号	施工步骤	工作内容	所需资料、材料及工具	负责人	参与人员
1	下料				
2	基层找平				
3	放样				

续表

序号	施工步骤	工作内容	所需资料、材料及工具	负责人	参与人员
4	切割				
5	拌制瓷砖胶				
6	窗台镶贴位置放样				
7	窗台镶贴				
8	填缝剂抹缝、勾缝				
9	施工区域整顿				
10	检验				

教师审核意见：

教师（签名）：　　　　决策人（签名）：

年　月　日

三、第三次审定

教师对小组提交的第二次修改方案（见表 4-3-2）的内容进行审定，确定为可实施方案，填入表 4-3-3 中。

表 4-3-3　窗台镶贴施工方案（定稿）

任务名称		工作任务起止日期		制定方案日期	
序号	施工步骤	工作内容	所需资料、材料及工具	负责人	参与人员
1	下料				
2	基层找平				
3	放样				
4	切割				
5	拌制瓷砖胶				

续表

序号	施工步骤	工作内容	所需资料、材料及工具	负责人	参与人员
6	窗台镶贴位置放样				
7	窗台镶贴				
8	填缝剂抹缝、勾缝				
9	施工区域整顿				
10	检验				

教师审核意见：

教师（签名）： 决策人（签名）：

年 月 日

评价与分析

根据每个小组成员在本活动学习过程中的表现情况填写学习任务过程性考核评价表（见附录）。

学习活动 4
实施窗台镶贴施工方案

学习目标

1. 能按照作业规范设置必要的安全隔离防护设施和安全标志，准备现场工作环境。

2. 能根据施工图要求，正确填写材料和工具清单，并能按仓库管理要求以学习小组为单位领料。

3. 能正确使用镶贴工具，按照工艺要求进行窗台镶贴施工。

4. 能按照窗台镶贴施工规范和施工现场管理“7S”标准，在作业完毕后清点并整理工具、收集剩余材料、归置物品、清理工程垃圾、拆除防护设施。

5. 能正确填写施工作业验收相关表格，与项目技术负责人沟通并交付验收。

建议学时

12 学时。

学习过程

一、施工前准备

1. 设置必要的安全隔离防护设施和安全标志，清理影响施工的杂物，准备现场工作环境，并将安全隔离防护设施和安全标志设置情况记录在表 4-4-1 中。

表 4-4-1　安全隔离防护设施和安全标志设置情况

安全隔离防护设施和安全标志	位置	目的

2．除做好现场准备工作外，施工人员自身应做好哪些防护准备？以小组为单位进行讨论，并做好记录。

二、填写窗台镶贴施工所需材料和工具清单并领用

在施工前，回顾窗台镶贴步骤与施工方案，填写表 4-4-2 所示的材料和工具领用清单，以小组为单位，按仓库管理要求领取所需材料和工具。

表 4-4-2 材料和工具领用清单

序号	材料和工具名称	单位	数量	备注
1				
2				
3				
4				
5				
6				
7				
8				
9				
10				
11				
12				
13				
14				
15				

三、实施窗台镶贴作业

1. 施工准备

在进行窗台镶贴施工前，需要对施工图进行会审，编制施工方案或作业指导书，进行技术、质量、安全、环境交底，同时还要在材料、施工机具、作业条件等方面做好相应的准备工作。

（1）窗台镶贴所用到的瓷砖、瓷砖胶、填缝剂等材料需要具有哪些证书和报告?

（2）进行窗台镶贴施工前，在配置瓷砖切割机具时，要注意哪些事项？

（3）进行窗台镶贴施工前，如何对基层进行清理和找平？

2. 镶贴施工

（1）确定镶贴方法，运用薄贴法对本任务进行施工。通过实际作业操作，查阅相关资料，分析薄贴法的优缺点并提出改进措施。

（2）查阅相关资料，通过学习小组讨论，填写以下窗台瓷砖镶贴过程的相关事项内容。

窗台阴阳角的处理方式与柱体阴阳角的处理方式有何相同之处？又有何不同？

窗台台面的瓷砖如何与墙面瓷砖相衔接？

3. **检验**

完成窗台镶贴施工后，要做好成品保护，准备工程验收。

四、窗台镶贴成品的验收

1. 完成窗台镶贴施工后，按窗台镶贴施工工作单交付验收人验收，并按表 4-4-3 所列的验收标准进行验收，填写验收意见。

表 4-4-3　窗台镶贴施工验收标准

序号	验收项目	验收标准	客户意见	权重（%）	教师评分
1	按图施工	拼花、铺贴方向等			
2	瓷砖胶强度	试块标养			
3	尺寸	标准值 ±1 mm			

续表

序号	验收项目	验收标准	客户意见	权重（%）	教师评分
4	平整度	≤ 1 mm			
5	垂直度	≤ 1 mm			
6	横向灰缝水平度	≤ 1 mm			
7	竖向灰缝垂直度	≤ 1 mm			
8	方正	≤ 1 mm			
9	空鼓	≤ 1%			
10	选砖	是否有破碎、崩角、色差、尺寸误差等			
11	缝隙均匀度	均匀、规整一致			
12	佩戴防护装备	耳塞、口罩、护目镜和钢头鞋等			
13	场地整洁	随铺随清			

2. 记录验收过程中存在的问题，小组讨论解决问题的方法，并填入表 4-4-4。

表 4-4-4　验收过程问题记录表

序号	验收过程中存在的问题	改进和完善措施	完成时间	备注
1				
2				
3				
4				
5				

3. 窗台镶贴成品验收结束后，整理材料和工具，归还领用物品，并填写窗台镶贴成品交付清单、材料和工具归还清单，见表 4-4-5 和表 4-4-6。

表 4-4-5 窗台镶贴成品交付清单

<table>
<tr><td>任务名称</td><td colspan="3"></td><td>接单日期</td><td></td></tr>
<tr><td>工作地点</td><td colspan="3"></td><td>交付日期</td><td></td></tr>
<tr><td rowspan="2">三方评价结果
（百分制）</td><td>自我评价</td><td>小组评价</td><td>项目负责人评价</td><td rowspan="2">验收结论
（百分制）</td><td rowspan="2"></td></tr>
<tr><td></td><td></td><td></td></tr>
</table>

表 4-4-6 材料和工具归还清单

<table>
<tr><td>序号</td><td>材料和工具名称</td><td>型号和规格</td><td>数量</td><td>备注</td></tr>
<tr><td>1</td><td></td><td></td><td></td><td></td></tr>
<tr><td>2</td><td></td><td></td><td></td><td></td></tr>
<tr><td>3</td><td></td><td></td><td></td><td></td></tr>
<tr><td>4</td><td></td><td></td><td></td><td></td></tr>
<tr><td>5</td><td></td><td></td><td></td><td></td></tr>
<tr><td>6</td><td></td><td></td><td></td><td></td></tr>
<tr><td>7</td><td></td><td></td><td></td><td></td></tr>
<tr><td>8</td><td></td><td></td><td></td><td></td></tr>
<tr><td colspan="2">项目负责人（签名）：
年　月　日</td><td colspan="3">团队负责人（签名）：
年　月　日</td></tr>
</table>

五、清理施工现场

施工完毕，若自检合格，应按相关标准和生产现场“7S”标准，清点、整理工具，收集剩余材料，归置物品，清理施工垃圾，拆除防护措施。

1. 查阅相关资料，回顾窗台镶贴施工过程，简述本次任务中的哪些环节属于施工现场管理“7S”标准内容的范畴。

____

____

____

____

____

2. 本任务施工完毕后，拆除安全隔离防护设施的顺序是什么？

3. 本任务施工完毕后，应进行哪些清点和清理工作？

评价与分析

根据每个小组成员在本活动学习过程中的表现情况填写学习任务过程性考核评价表（见附录）。

学习活动 5
窗台镶贴过程控制

学习目标

1. 能按照镶贴作业质量要求，对窗台镶贴成品进行过程检验。

2. 能对照《世界技能标准规范》，检查记录与图纸原始数据之间的误差，并分析原因。

建议学时

6 学时。

学习过程

一、窗台镶贴施工过程抽检

查阅相关资料，依据国家标准《建筑装饰装修工程质量验收标准》（GB 50210—2018），以小组为单位，对已实施的窗台镶贴成品进行过程质量检验，并将检验情况记录在表 4-5-1 中。

表 4-5-1　窗台镶贴成品过程检验情况一览表

项目名称		检验标准	抽检数量	权重（%）	评分
主控项目	按图施工	拼花、铺贴方向等			
	瓷砖胶强度	试块标养			
	尺寸	标准值 ±1 mm			

续表

项目名称		检验标准	抽检数量	权重（%）	评分
主控项目	平整度	≤ 1 mm			
	垂直度	≤ 1 mm			
	横向灰缝水平度	≤ 1 mm			
	竖向灰缝垂直度	≤ 1 mm			
	方正	≤ 1 mm			
	空鼓	≤ 1%			
一般项目	选砖	是否有破碎、崩角、色差、尺寸误差等			
	缝隙均匀度	均匀、规整一致			
	佩戴防护装备	耳塞、口罩、护目镜和钢头鞋等			
	场地整洁	随铺随清			

二、分析原因

对照《世界技能标准规范》，检查记录与图纸原始数据之间的误差，分析原因并形成记录。

评价与分析

根据每个小组成员在本活动学习过程中的表现情况填写学习任务过程性考核评价表（见附录）。

学习活动6 窗台镶贴工作总结评价

学习目标

1. 能按分组情况，派代表展示工作成果，说明本次任务的完成情况，并做分析总结。

2. 能结合任务完成情况，正确规范地撰写工作总结（心得体会）。

3. 能对学习与工作进行反思总结，并与他人开展良好合作，进行有效沟通。

建议学时

3学时。

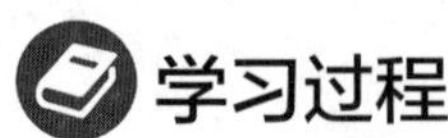

学习过程

一、小组评价

以小组为单位，选择演示文稿、展板、海报、视频等形式中的一种或几种，向全班展示窗台镶贴作业成果。在展示过程中，以小组为单位进行评价；评价完成后，根据其他小组对本组展示成果的评价意见进行归纳总结。

二、教师评价

认真听取教师对本小组展示成果优缺点以及在完成工作过程中出现的亮点和不足的评价意见，并做好记录。

1. 教师对本小组展示成果优点的点评。

2. 教师对本小组展示成果缺点以及改进方法的点评。

3. 教师对本小组在整个任务完成过程中出现的亮点和不足的点评。

三、工作过程回顾及总结

1. 总结完成窗台镶贴施工任务过程中遇到的问题和困难，列举 2 ~ 3 点你认为比较值得与他人分享的工作经验。

2. 回顾本学习任务的工作过程，对新学专业知识和技能进行归纳和整理，写一篇不少于 800 字的工作总结。

工 作 总 结

 评价与分析

按照客观、公正和公平原则，在教师的指导下按自我评价、小组评价和教师评价三种方式对自己或他人在本学习任务中的表现进行综合评价。综合等级按A（90 ~ 100分）、B（75 ~ 89分）、C（60 ~ 74分）、D（0 ~ 59分）四个级别进行填写，见表4-6-1。

表4-6-1 学习任务综合评价表

<table>
<tr><th rowspan="2">考核项目</th><th rowspan="2">评价内容</th><th rowspan="2">配分</th><th colspan="3">评价分数</th></tr>
<tr><th>自我评价</th><th>小组评价</th><th>教师评价</th></tr>
<tr><td rowspan="5">职业素养</td><td>劳动防护用品穿戴完备，仪容仪表符合工作要求</td><td>10</td><td></td><td></td><td></td></tr>
<tr><td>安全意识、责任意识、服从意识、团队合作意识强，善于与人交流和沟通</td><td>10</td><td></td><td></td><td></td></tr>
<tr><td>积极参加教学活动，按时完成各项学习任务</td><td>10</td><td></td><td></td><td></td></tr>
<tr><td>自觉遵守劳动纪律，尊敬师长，团结同学</td><td>10</td><td></td><td></td><td></td></tr>
<tr><td>爱护公物，节约材料，施工现场管理符合“7S”标准</td><td>10</td><td></td><td></td><td></td></tr>
<tr><td rowspan="3">专业能力</td><td>专业知识扎实，有较强的自学能力</td><td>10</td><td></td><td></td><td></td></tr>
<tr><td>镶贴操作积极，训练刻苦，具有一定的动手能力</td><td>10</td><td></td><td></td><td></td></tr>
<tr><td>镶贴操作规范，认真选取原料，注重工艺安全，工作效率高</td><td>10</td><td></td><td></td><td></td></tr>
<tr><td rowspan="2">工作成果</td><td>镶贴流程符合工艺规范，成品满足施工要求</td><td>10</td><td></td><td></td><td></td></tr>
<tr><td>工作总结符合要求，镶贴质量高</td><td>10</td><td></td><td></td><td></td></tr>
<tr><td colspan="2">总分</td><td>100</td><td></td><td></td><td></td></tr>
<tr><td>总评</td><td>自我评价 ×20% + 小组评价 ×30% + 教师评价 ×50% =</td><td>综合等级</td><td></td><td colspan="2">教师签名：</td></tr>
</table>

附录

学习任务过程性考核评价表

班级：　　　　　　姓名：　　　　　　学号：　　　　　　日期：

序号	评价项目	学生自我评价结果				小组评价结果			
		好	较好	一般	差	好	较好	一般	差
1	预习准备情况								
2	资料收集情况								
3	与教师、其他学生沟通情况								
4	与其他学生协作情况								
5	做事主动性								
6	做事态度								
7	技术方法运用情况								
8	任务完成情况								
9	“7S”标准执行情况								
10	创新情况								
等级		A（7个以上“好”，无“差”）	B（4个以上“好”，无“差”）	C（3个以内“差”）	D（6个以上“差”）	自评		小组评	
备注	在对应的位置标上“√”，学生自我评价结果和小组评价结果作为成绩参考								